淮南师范学院学术专著出版基金资助

基于SD-GIS的

崩塌地质灾害风险评估研究

RESEARCH ON RISK ASSESSMENT OF
LANDSLIDE GEOLOGICAL HAZARDS BASED ON SD-GIS

钱立辉 ◎ 著

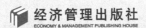

经济管理出版社
ECONOMY & MANAGEMENT PUBLISHING HOUSE

图书在版编目（CIP）数据

基于 SD-GIS 的崩塌地质灾害风险评估研究 / 钱立辉
著. -- 北京 ：经济管理出版社，2025. 6. -- ISBN 978-
7-5243-0347-3

Ⅰ. P642. 21

中国国家版本馆 CIP 数据核字第 20254DT274 号

组稿编辑：张馨予

责任编辑：张馨予

责任印制：许　艳

责任校对：王淑卿

出版发行：经济管理出版社
　　　　　（北京市海淀区北蜂窝 8 号中雅大厦 A 座 11 层　100038）

网　　　址：www. E-mp. com. cn

电　　　话：(010) 51915602

印　　　刷：唐山玺诚印务有限公司

经　　　销：新华书店

开　　　本：720mm × 1000mm/16

印　　　张：13

字　　　数：229 千字

版　　　次：2025 年 7 月第 1 版　　　2025 年 7 月第 1 次印刷

书　　　号：ISBN 978-7-5243-0347-3

定　　　价：98. 00 元

前　言

地质灾害作为威胁人类生存与发展的重大挑战，始终是全球学术界与防灾减灾领域关注的核心议题。在气候变化加剧与人类工程活动日益频繁的双重作用下，崩塌、滑坡等斜坡地质灾害的发生频率与致灾强度呈现显著上升趋势，对山区基础设施安全、生态环境可持续性及社会经济发展构成严峻威胁。据统计，我国年均因地质灾害造成的直接经济损失达数十亿元。崩塌作为活跃的灾种之一，其突发性与破坏性尤为突出。如何科学评估崩塌灾害风险、揭示其动态演化机理，已成为保障人民生命财产安全、提升灾害治理能力的关键命题。

传统的崩塌灾害风险评估多依赖静态指标与经验模型，难以刻画孕灾环境、致灾因子与承灾体之间的复杂反馈关系，很难有效反映风险随时间的动态变化。例如，单一的地形坡度、岩土体性质等指标虽能揭示灾害易发性的空间分异，却无法量化降雨强度、人类活动强度等因素的耦合作用，以及防灾减灾投入对风险的调控效应。这种局限性导致评估结果往往与实际灾情存在偏差，难以满足精细化防灾决策的需求。

本书以长白朝鲜族自治县 S3K 段公路边坡为研究区，融合系统动力学（SD）与地理信息系统（GIS）技术，构建了动态化、定量化的崩塌灾害风险评估框架。研究区地处中朝边境，不仅是区域经济发展的交通动脉，更因玄武岩分布广泛、边坡裂隙发育、崩塌点密集而成为典型研究区。2013 年该路段曾发生 13.5 万 m^3 的重大滑塌事件，影响 3 万居民的生活物资供应，凸显了开展针对性风险评估的迫切性与现实意义。

全书以"理论－方法－应用"为主线，系统阐述了崩塌灾害风险评估的创新路径。首先，基于自然灾害风险构成"四要素"理论（危险性、暴露性、脆弱性、防灾减灾能力），整合遥感解译、野外调查与多源数据，揭示了研究区崩塌灾害的发育特征与孕灾环境规律；其次，通过灰色关联法、信息量模型、DEA

模型等方法，量化了地形地貌、降雨、植被覆盖、人类活动等因子对灾害的驱动机制，明确了主控因子的空间分异性；再者，创新性地提出基于铁染异常遥感识别的边坡稳定性判别方法，结合元胞自动机－人工神经网络（CA-ANN）模型，实现了区域尺度边坡稳定性的动态模拟；最终，通过构建 SD 模型的因果回路与存量流量图，耦合人口、GDP、降雨量等动态参数，实现了风险的时空动态模拟，并通过 GIS 技术完成风险可视化表达。

本书的核心创新体现在三个方面：一是方法论创新，将 SD 的动态反馈思想引入地质灾害风险评估，突破了传统静态评估的局限，实现了从"空间分异"到"时空耦合"的跨越；二是技术创新，通过 SD-GIS 集成技术，解决了复杂系统参数量化与空间可视化的融合难题，为区域尺度动态风险评估提供了可操作的技术范式；三是应用创新，针对寒区玄武岩边坡的特殊性，提出的铁染异常识别与稳定性判别方法，为类似地质环境区的灾害评估提供了一点参考。

研究成果不仅为长白县 S3K 段公路的防灾减灾工作提供了科学依据，更在理论上丰富了地质灾害动力学研究的内涵，推动了多学科交叉融合在灾害领域的应用。本书适合地质工程、防灾减灾工程、地理学等领域的科研人员、研究生及工程技术人员阅读，也可为政府部门制定区域灾害防治规划提供决策支持。

需要说明的是，由于地质系统的复杂性与数据获取的局限性，部分参数（如人类活动强度的量化）仍依赖间接指标，模型的普适性有待在更多区域验证。未来研究可进一步引入机器学习算法优化参数反演，提升模型的动态适应性。

谨以此书献给致力于地质灾害防治事业的同仁们，期待通过学术创新与实践探索，共同推动我国地质灾害风险评估理论与技术的发展，为构建更安全、更可持续的人居环境贡献力量。书中不当之处，恳请多提宝贵意见。

目　录

第一章　绪论 ……………………………………………………… 1

一、引言 …………………………………………………… 1

二、崩滑灾害风险研究现状 ……………………………… 6

三、当前存在的不足 ……………………………………… 24

四、研究内容与技术路线 ………………………………… 25

五、本书的创新点 ………………………………………… 28

本章小结 …………………………………………………… 29

第二章　区域概况、理论方法和数据来源 ……………………… 30

一、区域概况 ……………………………………………… 30

二、基本理论 ……………………………………………… 35

三、数学模型与方法 ……………………………………… 40

四、数据来源 ……………………………………………… 52

本章小结 …………………………………………………… 53

第三章　区域崩塌地质灾害特征与规律研究 …………………… 54

一、崩塌灾害点遥感解译及其属性获取 ………………… 54

二、基于灰色关联法的孕灾环境研究 …………………… 59

三、S3K 段崩塌灾害易发性研究 ………………………… 64

四、S3K 段崩塌灾害发育特征 …………………………… 72

五、崩塌灾害分异规律与驱动机制研究 ………………… 75

六、基于 ANN-CA-RS 的边坡稳定性研究 ……………… 82

本章小结 …………………………………………………… 95

第四章 因果回路和存量流量图的构建 ···················· 97

　一、崩塌灾害风险形成机理··················· 97

　二、传统静态指标体系到 SD 模型参数的转变 ········ 102

　三、因果回路图的构建················· 110

　四、存量流量图的建立················ 112

　本章小结 ··················· 115

第五章 SD 模型的实现与风险评估 ·················· 116

　一、重要参数值的确定··················· 116

　二、模型公式汇总 ··················· 131

　三、模型的检验 ··················· 135

　四、SD-GIS 集成研究 ················· 137

　五、风险模拟与评估 ················ 139

　六、防灾建议 ················· 163

　本章小结 ··················· 164

第六章 结论、不足与展望 ·················· 165

　一、研究结论··················· 165

　二、研究不足 ··················· 166

　三、展望 ··················· 167

参考文献 ··················· 168

附录 1 基于 ArcPy 的植被信息量计算程序 ·············· 192

附录 2 野外调查与解译对比量化信息表 ············· 194

附录 3 Python 核心代码 ················· 197

附录 4 更新当前 Excel 数据值的计算机伪代码 ············ 198

附录 5 循环调用 SD 模型的计算机伪代码 ··········· 199

第一章　绪论

一、引言

（一）研究背景

在社会急速变化和发展的今天，各类公共危机问题被迅速集中和放大，蕴含了许多不可忽视的风险，其中自然灾害作为非传统安全因素已成为威胁国家安全的组成部分，其深刻地考验着我国政府的执政能力，已成为我国政府长期面临的重要课题之一（王元林、孟昭峰，2012）。近年来，极端天气事件越发频繁，暴雨洪涝、干旱、高温热浪、超强台风等灾害不断侵袭。这些自然灾害不仅直接威胁人民群众的生命财产安全，对基础设施、农业生产、生态环境等方面造成了严重的破坏。

2003 年，国务院发布的《地质灾害防治条例》指出，地质灾害是自然灾害的一种，其是指自然因素或人为活动引发的危害人民生命和财产安全的山体崩塌、滑坡、泥石流及地面塌陷、地裂缝、地面沉降等与地质作用有关的灾害。多年来，在全球气候变暖的背景下，突发性、局地性极端强降雨事件频发，加之城镇化进程中人类社会经济活动的加强，导致了大量地质灾害事件的发生（房浩等，2018）。从世界地域空间来看，地质灾害广泛分布于世界上许多国家，比如美国、日本、澳大利亚、英国、印度、中国等。比如印度，由于其复杂的地形与气候条件，地震、山体滑坡等灾害频发。在喜马拉雅山脉南麓，受板块挤压影响，地震隐患重重，一旦发生强震，山区的村落极易遭受山体滑坡灾害。大量松散的土石倾泻而下，掩埋道路、房屋，阻断救援通道，受灾群众往往陷入孤立无援的境地，生命财产安全受到严重威胁。

我国山地丘陵区约占国土面积的 65%，地质环境条件十分复杂，地质构造活动非常频繁，崩塌、滑坡、泥石流、地面塌陷、地裂缝等灾害隐患点多，分布范围广、防范难度大，是世界上地质灾害最严重、受威胁人口最多的国家，平均每年灾害直接经济损失达数十亿元以上，经济发展、人口增长、生态恶化，尤其是灾害高风险地区，资产密度不断增加，导致了灾害发生的频率、影响范围、财产损失逐渐增长。2000~2012 年，我国共发生地质灾害 33.9 万起，伤亡 45381 人，年均伤亡约 3500 人，仅次于地震、洪水灾害（王瑛等，2017）。根据《2017 中国土地矿产海洋资源统计公报》显示，2017 年我国共发生地质灾害 7122 起，造成 327 人死亡、25 人失踪、173 人受伤、直接经济损失 35.4 亿元。根据自然资源部统计，2020 年我国共发生 7840 处地质灾害，较 2019 年增加了 1659 处，同比增长 26.84%，造成 197 人死亡，直接经济损失 50.20 亿元，较 2019 年增加了 22.52 亿元，同比增长 81.32%[①]。2022 年 1 月 13 日，根据自然资源部发布的数据显示，2021 年我国共发生地质灾害 4772 起，造成 80 人死亡、11 人失踪，直接经济损失 32 亿元。2022 年前 5 个月，我国共发生地质灾害 552 起，造成 22 人死亡，直接经济损失达 1.97 亿元。可见，地质灾害所造成的损失巨大。根据《2023 年中国自然资源公报》显示，当年我国发生崩塌地质灾害 2176 起，虽然损失在一定程度上得到了控制，与 2016~2022 年平均值相比，死亡失踪人数和直接经济损失大幅减少，但仍造成了不可忽视的人员伤亡和经济损失。

2019 年，自然资源部办公厅颁布了《关于做好 2019 年地质灾害防治工作的通知》（自然资办函〔2019〕547 号），该通知突出"以人民为中心"，加快推进地质灾害防治重点工程，不断完善地质灾害防治体系，避免人类活动引发地质灾害，将地质灾害的相关工作提升到了新的高度。2022 年，自然资源部印发《2022 年全国地质灾害防治工作要点》，强调了重点区域重要时段的地质灾害防范工作，特别提出了要做好强降雨时期和强烈地震发生后的会商研判，以便达到最大程度地降低灾害风险的目的。自党的十八大以来，习近平总书记多次在不同的工作场合强调，把确保人民生命安全放在第一位落到实处。可见，关于自然灾害防治受到党中央的密切关注和高度重视，并突出了以人民利益为核心的理念和价值取向。

近年来，虽然在地质灾害研究领域内取得了一系列成果，方法上也取得了

---

① 2020 年中国发生地质灾害数量、人员伤亡情况及造成的直接经济损失分析［EB/OL］.［2021-12-03］. https://www.chyxx.com/industry/202112/988246.html.

相应的突破，特别是监测领域，但是地质灾害本身具有复杂性，以及全球气候的变化使得极端、恶劣的天气在我国许多地区发生的频率逐渐增高，如暴雨天气的不确定性，导致了地质灾害风险评价也存在着诸多的不确定性，归根结底是因为人类对地质灾害风险的认识尚处于初级阶段，需继续深入研究。地质灾害风险评价是地质灾害综合治理、监测预警、应急预防、保护人民生命财产的基础性工作。

本书选取长白朝鲜族自治县（以下简称长白县）S3K段公路边坡为研究区域，其主要原因有二。首先，长白县地处中朝边界，具有重要的战略地位；本段公路距离县城约50km，边坡裂隙发育程度高，崩塌地质灾害点十分集聚，且这条公路又是区域经济发展的动脉（王屹林，2017；倪晓娇等，2014），是当地人民通往外地的重要通道。比如，2013年11月23日凌晨3时许，处在该路段的鸡冠砬子村至冷沟子村段发生了约13.5万立方米的边坡滑塌，影响到了3万居民的生活物资配给。因此，对该段公路展开崩塌地质灾害风险评价研究具有重要的意义。其次，2014年1月，吉林省国土资源厅下达了《吉林省国土资源厅关于开展1:5万地质灾害调查工作的通知》（吉国土资环发〔2014〕4号），本区政府根据文件精神，开展了十分详细的地质灾害普查工作；2020年，国务院办公厅印发了《国务院办公厅关于开展第一次全国自然灾害综合风险普查的通知》（国办发〔2020〕12号），同年吉林省人民政府下发《吉林省人民政府办公厅关于做好第一次全国自然灾害综合风险普查有关工作的通知》（吉政办发〔2020〕22号），于2021年底对本区开展了地质灾害调查与风险评价工作，从而为研究提供了丰富的数据资料。选择长白县S3K段公路边坡为研究区域，以崩塌灾害为研究对象，可以为人—社会—环境的和谐发展提供必要的支撑。

综上所述，参考国内外关于斜坡灾害风险评价研究领域的成果并总结其不足，开展了基于系统动力学（System Dynamics，SD）与地理信息系统（Geographic Information Systems，GIS）相结合的公路边坡崩塌灾害风险评估的研究。研究过程可以分为三个部分，第一部分，是从卫星遥感影像对崩塌点的解译入手，结合野外调查验证获，取到了本区灾点现状数据，再对本区孕灾环境、易发性、主控因子的分异性以及区域边坡的稳定性进行研究，从而初步达到了对本区崩塌灾害的大概认识和了解。第二部分，是根据自然灾害风险构成"四要素"理论（以下简称"四要素"理论）和SD等相关理论，分别从崩塌事件的形成过程、风险动力学过程和风险系统的构成三大模块论述了崩塌灾害的形成机理，据此确定了系统边界。然后，从传统的斜坡灾害风险评价静态指标向 SD 参数的转变入手，利用 Vensim 软件建立了因果回路图，构建了崩塌灾害风险评估的 SD 模型。第三部分，是对模型数据参数进行获取、处理等，选择了 C# 计算机语言与 SD 模型进行交互，计算了本区路段每一格网在不同时间段内的风险值，过程中为满足模型与现实相匹配，进行了反复实验和数据参数值的调整，结合基于信息量模型的风险分析法与野外详查，对模拟结果进行阈值划分并对崩塌灾害时空分布进行制图，完成了本次研究，并取得了较为理想的效果。其成果可以为本区的防治减灾部门提供参考依据；研究过程中所涉及的技术手段以及 SD 思想在崩塌地质灾害风险学中的应用和探索，可以为相关学者提供一些参考价值。

（二）研究目的和意义

1. 研究目的

本书选择 SD 和 GIS 相结合的方法，以崩塌灾害为研究对象，选择长白县 S3K 段公路边坡区域开展相关研究，针对当前崩塌地质灾害风险评价基础研究的薄弱环节入手，通过系统学思想，建立基于 SD 的崩塌灾害风险评估模型，揭示崩塌灾害的成灾本质，获得基于 SD-GIS 的崩塌灾害风险评估的关键技术，提高崩塌灾害基础科学研究水平，其主要内容包括：

（1）以 SD 为手段，结合 GIS，较全面地研究崩塌地质灾害风险。从它的孕灾环境、易发性、分异性特征、所处区域边坡稳定性重要环节入手，初步认识研究区崩塌灾害的发育程度、分布状况、主控因子对其影响等，旨在探索主要环境因子在崩塌地质灾害风险形成中的作用，以及动力学机制。

（2）以灾害风险构成"四要素"理论为依据，挖掘崩塌地质灾害风险评价中所涉及的关键环节，从而确定系统边界，以此为基础分析崩塌地质灾害风险评价中各因子之间的因果反馈回路，并对各指标进行量化，建立系统动力学模型，实现动力学仿真，从而更清楚地认识崩塌地质灾害风险的机理和本质，实现从静态风险评估向动态风险评估的转变，提高崩塌地质灾害风险评估的可靠性和科学性。

2. 研究意义

目前国内外关于崩塌灾害研究成果颇多，选择的研究方法和技术领域呈现多样化，比如灰色系统、模糊数学、层次分析、神经网络、3S 技术等，但基本上是将崩塌地质灾害演化过程看成确定的、静态的，并在此基础上进行危险性评估研究、脆弱性分区、敏感性分析、风险评价等，偏向于静态性，很少体现时空变化特征。许多方法没有完全站在复杂系统的理念上来看问题，相对简单，也是目前行业研究领域在地质灾害动力学机理方面难以取得突破的瓶颈问题。

本书尝试运用地理学、遥感、GIS、管理学与 SD 的基本理论和方法，通过参考大量文献，整合崩塌地质灾害的静态风险评价的相关成果，实现向动态风险评价的初步转变，在某种程度上拓展了地理学和系统动力学的研究领域。其研究意义主要体现在以下四个方面：

（1）体现了崩塌地质灾害物理与事理的关系。崩塌失稳有两个重要阶段：第一个阶段是边坡体内应力不断积累，导致蠕动；第二个阶段是蠕动到突发，即在应力积累过程与外界不断地进行制约反馈，当没有达到较大应力时整个斜坡体内单元分布是无序的。因为斜坡体内部介质的差异性，一旦在某个部位达到一定的应力，那么这个部位就会发生蠕动，当这种应力不断地积累并达到一定程度时，这个蠕动单元就会把应力分配给相邻的坡体内岩土质单元体，然后不断地发展下去，使崩塌体从原来的无序状态变为有序的蠕动，当达到临界值并在外力作用下，即可突发变异，即导致耗散结构形成，最终产生崩塌事件。从国内外相关文献来看，导致斜坡地质灾害耗散结构的形成是由自然因素和人类活动共同作用的结果。为节约成本和提高工作效率，根据玄武岩的特点，本书采用卫星遥感影像分析了 $500m \times 500m$ 格网区域内的边坡稳定性，避免了从岩体工程力学实验入手，相对成功地解决了复杂的岩体力学问题。

（2）构建 SD 评价模型揭示崩塌灾害的动态性。鉴于此，陶在朴（2018）指出不宜以要素孤立状态的规律和性质来解释系统整体性质；对整体的认知应仔细分析和研究各要素之间的相互关系。地质灾害系统是开放性系统，具有耗散结构，不断与外界进行能量和物质交换（赵鸿雁等，1993），且崩滑体发生频率的对数与崩滑体规模之间呈较好的线性关系（黄润秋、许强，2000）。对崩塌地质灾害的风险评价研究应该站在系统学的角度，但是在其领域内，较少发现相关学者采用 SD 法对其展开研究，并没有深入剖析产生灾害风险的各因子之间的联系。这导致了对地质灾害事理不明，使风险研究成果的可靠性遭到质疑。比如，目前的一幅地质风险评价静态图不能反映一年内各时期的风险变化，只能表现一年四季都是其风险结果，这显然是不符合现实的，即便是高风险区也不太可能一年四季都处于高风险中，此外低风险区也可能演化成高风险区。

利用系统动力学对地质灾害进行评价研究，可以有效地解决确定性与非确定性之间的信息提取。通过系统学理论进行崩塌地质灾害机理的探索，研究斜坡地质灾害发生机制、基本特征、分析评价指标、构建崩塌地质灾害 SD 评价模型，为其风险评价提供较为现实可靠的方法和依据，更加有效地揭示崩塌灾害动力机制，为政府部门、研究部门提供较好的参考。

（3）促进相关学科的交叉。本书涉及气象学、灾害学、风险管理、系统动力学、计算机、地理学等多学科的交叉，因此有利于它们互相渗透，更能体现灾害风险评估的系统学问题。

（4）对灾害风险评价与管理具有借鉴作用。本书研究成果有利于提高地质灾害风险评价科学的大环境，对促进系统动力学在地质灾害研究领域的发展和应用具有重要意义。同时，本书研究成果将会对其他自然灾害风险评价和管理等相关研究提供借鉴。

二、崩滑灾害风险研究现状

崩塌是地质灾害的其中一种，它与滑坡灾害一样同归属于斜坡岩土体失稳的问题，刘传正（2014）认为可以将崩塌和滑坡作为一类问题考虑，所以从研究的目的出发，根据"四要素"理论（张继权等，2012），将崩塌和滑坡归类在一起，按崩塌滑坡灾害的危险性研究、脆弱性与暴露性研究、防灾减灾能力研究以及综合风险研究四个部分分别对国内外研究现状进行评述。

（一）国内研究现状

1. 危险性研究现状

20 世纪 90 年代，张业成等（1995）指出地质灾害危险性是反映地质灾害活动程度的标志，并通过选取崩塌、滑坡、泥石流等潜在活动强度指标，利用危险性指数模型研究了我国地质灾害危险性分布特征。黄润秋等（2001）将 GIS 与多变量预测评价数学模型相结合，实现了快速高效的区域地质灾害危险性评价。近年来的研究成果，明显地从过去单纯的数据资料分析法、实验模拟法、数学模型法转移到了现在的遥感（Remote Sensing，RS）、GIS 与数学模型综合的研究。例如，何瑞翔等（2015）、沈迪等（2021）利用 Logistics 回归模型分别分析了云南省东西部地区、甘肃定西地区的地质灾害危险性；缪信等（2016）通过对模型的比较发现，逻辑回归模型能剔除对地质灾害贡献率小的指标，从而能使研究成果更加可靠，并指出了因各学科交叉研究的大发展，在实际研究工作中多个模型相互补充和验证，可以提高分析成果的准确性。齐信等（2010）利用敏感性统计模型对汶川地震后实际调查灾点危险性指标进行量化，取得了相应的成果，其指出指标的选择需具有科学性。层次分析法至今不衰，Zhang 等（2022）利用 AHP（层次分析法）、F-AHP（模糊层次分析法）、AHP-TOPSIS 相结合对莫高窟崩塌危险进行评价，并引入 ROC 曲线进行评估，得出边坡松散碎屑物和降雨是其灾发的主要因素。需要说明的是，通过 AHP 对某一地区进行评价，只要指标合理丰富，使用该方法不仅可行而且简单，如赵晓燕等（2021）的研究就简单明了。

随着我国地质灾害风险区划和普查工作的开展，对地质灾害危险性评价研究大多集中在信息量模型。例如，范诗铃等（2022）对丽江古城区的危险性评价、易靖松等（2022）对四川省阿坝州的危险性评价、刘乐等（2021）对安徽黄山市徽州区的危险性评价等，都取得了较好的成果，仔细研究他们的成果，发现不足之处在于对各指标进行最终叠加前的工作过程中未有低、中、高危险性信息量区间的取值标准，也未采用频率累积曲线法进行合理的划分，而是直接通过 ArcGIS 软件所提供的自然间断法进行值区间的划分，此外，最终成果也没有利用 ROC 曲线进行精度评估，这就给结论带来了一些不足之处。

从危险性评价方法分类来看，主要有定性评价法、半定量评价法（信息量法、AHP 法、逻辑回归法、人工智能模型等）和定量评价法（无限斜坡模型、3D 极限平衡法、斜坡水文模型），其中龚凌枫等（2022）对当前危险性评价方法已经做了概括，认为定性方法需要丰富的相关数据资料作为支撑，且对灾害点分布的均匀性有较高的要求，否则会难以避免因调查范围、精度差异造成评价结果与实际不符的现象（韩用顺等，2021）；定量方法多用于对重点地区的研究。刘乐等（2021）通过数值模拟法，实现了区域性的危险性的定量评估，同时指出以单体灾害点的危险性定量评价方法应用到区域，就会不可避免带来工作量上的剧增，所以从定量评估范畴来看，停留在对单体灾害点的研究上的成果多见。

针对崩塌滑坡而言应是"无坡无灾"的理念。地质灾害危险性是地质灾害活动程度的标志已经很清楚，那么可以这样认为，边坡的稳定性是该标志的直观反映，一般情况下，边坡稳定性越好，相对的危险性就越小。自 17 世纪 Hook 对边坡稳定性研究至今，它一直是研究领域中的一个难点。陈洪凯等（2006）指出

"危岩"这个名词比"崩塌"（Collapse）"落石"（Rockfall）更能体现成因、破坏和运动的力学行为。边坡危岩体的稳定性受地形地貌条件、岩性特征、地质构造条件、降雨、地下水、风化溶蚀、地震等多种因素影响。对危岩体稳定性评价的方法主要有定性和定量两种方法，前者以类似工程的比较、图解分析计算为主，通过前人的经验对危岩体的稳定性进行初步的判断；后者是以静力解析法、数值模拟和仿真、人工神经网络和系统识别法等，一般是结合现场调查数据研究岩体力学机制，最终以数值的形式对危岩体的稳定情况进行判别（李拓，2017；张广甫，2018）。关于危岩体的稳定性研究，我国学者取得了一大批成果。2003 年，陈洪凯根据岩体失稳的机理将危岩体分为坠落式、倾倒式和滑塌式，并在三峡地区进行了应用。2011 年，陈洪凯等在《地质灾害理论与控制》一书中对危岩体的稳定性给予了评价标准。2012 年，张菊连提出了完整的边坡岩体分级影响因素选择体系，为边坡岩体稳定性分级方法因素的初选提供了参考依据。2016 年，周云涛提出了危岩断裂稳定性判别方法。2017 年，范秋雁等认为前人研究的不足在于对危岩的量化以及是否失稳造成损失的评估上，并简明扼要地综述了危岩体数值分析法。

我国学术界以定量法对危岩体稳定性的研究较多。例如，2015 年，邱海军等通过不稳定斜坡的长、宽、厚、面积和体积等规模参数，采用最小二乘法，利用幂指数函数研究了黄土丘陵地区地质灾害规模幂律相依性。2018 年，杨春峰等利用赤平极射投影和数值计算法对青藏高原老鹰岩崩塌体的稳定性研究，发现大高差、高陡坡的地形地貌、地层岩性对其起控制作用，在暴雨、地震影响下危岩体稳定性降低。目前，无人机技术正在广泛地应用于高陡危岩体的稳定性研究当中（王栋等，2018；陈宙翔等，2019；廖文武等，2021），如我国三峡地区分布着众多高陡危岩体，无人机发挥了关键作用。科研人员操控无人机搭载高清摄像头，沿着预设航线贴近危岩体飞行，能够拍摄到极其清晰的岩体表观图像，这些图像精准呈现出岩体的裂缝分布、走向以及宽度变化等细节。通过对不同时段拍摄的图像进行对比分析，就可以实时监测裂缝的动态发展，判断危岩体是否有进一步失稳的趋势。

在危岩体微观机理领域也取得了相应的成果，2020 年，贺凯等从危岩体底部损伤劣化方向上，通过引入损伤理论，选择三峡库区箭穿洞危岩为例展开了研究，其成果为大型危岩体的失稳研究提供了一种分析思路。对于特殊地区，如邓正定等（2022）研究了寒区岩体稳定性的劣化机制。张岩等（2013）从断裂理论出发，研究了温度场对裂隙岩体强度的影响，推导出了在不考虑岩体过水条件下的温度应力对裂隙岩体抗压强度的表达式。张泽等（2021）通过冻融次数对岩体力学强度的影响进行了研究，并得出了温度影响岩体强度的预测方程。关于冻融循环对边坡的稳定性的研究成果（李杰林等，2014；邹雪晴等，2017；王平等，2018；宋彦琦等，2020）还有很多。通过前人关于寒区的岩体稳定性研究的成果，可以得出结论：在对寒区的边坡岩体的稳定性评价当中，冻融循环的环境背景应该得到重视。

所选区域以玄武岩为主，根据研究需求，针对玄武岩区域的相关研究进行了评述。多年来，我国学者对其研究的成果主要表现在野外调查、工程试验和工程数值模拟软件应用方面。例如，张宇翀（2021）通过三轴试验研究了不同含水量条件下，同时选用 ABAQUS 软件分析了玄武岩—泥岩边坡的稳定性；Liu 等（2021）提出了双强度有限元简化方法，并利用 ABAQUS 软件平台进行了二次开发，得到了一种符合强降雨地区风化玄武岩土体失稳分析的方法。周荣芳（2013）、李勇（2017）利用野外调查和有限元方法研究了贵州玄武岩地区的边坡稳定性，并分析了水分入渗对边坡稳定性的影响过程。赫雪峰（2018）使用 Midas GTS 数值分析软件对白鹤滩水电站新村的边坡稳定性进行了研究。

现有的危岩体危险性的研究成果已充分地说明了危岩体稳定性或危险性受各所在研究区孕灾环境的因素影响（邱海军等，2015；张永海等，2022；文兴祥，2022；刘冲平等，2022）。从斜坡灾害的孕灾环境角度来看，它又是进行危险性评价的重要途径，是正确认识斜坡灾害机理的手段。国内诸多学者通过对崩塌滑坡研究发现，它的孕灾环境大致是由七类指标组成，其分别是地形地貌、水文、气候条件、地震、岩土体结构、植被条件和人类活动强度。不同的学者针对特定的研究区域，基本上是从这七类指标范围内开展目标区的分析和研究的。房浩等（2018）对我国 2012~2015 年地质灾害发育特征做了分析，发现我国近年来中小型崩滑流灾害最为发育，并指出强降雨是它们主要的诱发因素。2011 年，林孝松等利用 AHP 和专家效度相耦合方法确定了暴雨强度、地形起伏度、岩性条件、年均降雨量、植被覆盖度和地质构造指标权重，并建立模型对重庆市地质灾害的孕灾环境进行研究，为崩塌灾害的危险性评价提供了有价值的参考。彭珂等（2017）利用数量统计方法，分析了赣州市地质灾害的孕灾环境，发现灾害密度的高低与地形、特殊的脆弱地层岩性和频繁的人类工程活动密切相关。王高峰等（2016）从小流域孕灾地质背景条件出发，选择六盘山为研究区，以地形地貌作为崩塌、滑坡、不稳定斜坡和泥石流的主控因子，统计分析了该区地质灾害与地层岩组、区域地质构造的关系。

对孕灾环境定量分析层面，任凯珍等（2011）根据地质灾害点在各孕灾因子中的分布频率，推算了孕灾因子对其发育的贡献率，弥补了层次分析法的不足。张佳佳（2018）等通过对崩塌滑坡孕灾地质条件进行划分，研究了藏东南鲁朗—通麦段地质灾害孕灾特征，及其灾害点的变形模式和规模，体现了地质灾害孕灾环境具有空间分异性；黄玉华等（2015）对秦岭山区南秦河流域崩塌滑坡地质进行研究，肯定了极端降雨是该区崩滑灾害的主要诱发因素；何燕等（2019）从孕灾环境角度，选择主要因子对云南省维西县地质灾害易发性进行评价，但是未能解决孕灾环境因子的人为主观干预问题。牛全福等（2017）、王文坡等（2018）、张辉等（2020）分别对滑坡灾害敏感性进行了研究，其中王文坡等（2018）发现所研究区的坡度是该区中型滑坡的发育贡献最为敏感的因素，同时指出大型滑坡体对孕灾环境敏感性最小，张辉等（2020）亦发现坡度、坡向对滑坡灾害较敏感，而降雨，岩体硬度、距断裂距离对滑坡敏感性较小。他们的研究成果间接地说明斜坡地质灾害具有分异性特征，同一种指标因子在不同的地区所表现的敏感程度不一样。2022 年，Qian 等以吉林省长白县为例，选择数据包络分析法（DEA）对区内各灾点驱动因子进行了定量评价和划分，讨论了地质灾害驱动机制和空间分异性规律。2022 年，何晓锐等对白龙江流域进行了孕灾因子聚类分区研究，同样发现崩塌滑坡灾害具有空间驱动机制的差异性。

综上所述，关于崩塌滑坡地质灾害危险性评价及从其衍生出来的稳定性、孕灾环境的研究成果来看，从过去简单的指标定性认识，到后来的数理统计学方法对目标区进行评价划分，以及现在的定量驱动机制分析和研究，是业内发展的一种趋势。由于地质灾害孕灾环境具有空间分异规律，危险性也会存在同样的性质。这是由于影响崩塌滑坡各项指标贡献率不一样所致，其中多受降雨影响。2015 年，国土资源部颁布了《地质灾害危险性评估规范》（DZ/T 0286–2015），具体划分了孕灾环境的各指标等级，但是针对具体细节的分级还比较模糊，比如发育程度按强、中、弱进行划分，没有数值区间，只通过文字理解，这就导致评价阈值不好区分。2020 年，史培军和杨文涛指出极端降雨天气是诱发山区地质灾害的主要因素，同时提出多种孕灾背景下灾害链的概念，这将是未来的一个热点问题。

整体来说，对于斜坡地质灾害的危险性研究，已从定性转向了定量，但是定量研究多集中在单体灾点上，如何对区域性边坡危险性进行精准的定量化的研究成果还比较少见，这也是该方向上的一个瓶颈问题。

2. 脆弱性与暴露性研究现状

脆弱性这一概念是多伦多大学 Vulnerability 在 1981 年首次提出的。不同的学科对脆弱性的理解不同，对于自然灾害学领域，1992 年联合国将其定义为承灾体遭受灾害时发生损毁的难易程度。换句话说，就是地质灾害发生时承灾体抗击灾害能力的一种量度。在地质灾害领域中脆弱性对应的名词是易损性，它反映的是地质灾害发生时研究区内可能造成的损失程度。减小脆弱性（易损性）是减少灾害损失的直接、有效的途径。

承灾体的脆弱性不仅与承灾体的自身特性，而且与致灾因子有关，通常使用脆弱性曲线（或灾损曲线）进行衡量不同灾种的强度与其相应损失（率）之间的关系，如对旱灾、风灾、洪灾等气象灾害的承灾体的研究较多（章国材，2014）。由于地质灾害的数据获取难度大，且标准不统一，导致了脆弱性曲线在其应用中显得比较薄弱。

关于地质灾害承灾载体的脆弱性评价研究方法亦有定性与定量之分。张振兴等（2018）、刘艳辉等（2018）指出对承灾体的脆弱性的研究通常是选择一种通用的模式，即通过建立一套指标体系，即不外乎选择社会（如人口密度、教育程度）、物质（如公路、房屋等）、经济（如 GDP）、环境（如林地、耕地等）指标，然后选择适合的数学模型对其进行研究。在实际案例的应用中，如 2013 年，Tian 等采用经济密度、道路修补和道路绕行能力三项因子对云南省文山至天宝二级公路进行易损性评价。

通过分析相关文献发现，选择指标与模型相结合对自然灾害脆弱性评价比较多见，比如模糊综合评价法、HOP 模型、DEA 模型、熵值法等（张振兴等，2018；刘艳辉，2018；杨俊、向华丽，2014；侯俊东、金欢，2017；孙浩、杨桂元，2017；冯治学等，2014）。高超等（2018）在分析前人的研究基础上，认为区域承灾体脆弱性评估就是选取能够代表承灾体敏感性、防灾减灾能力的指标，指出脆弱性 = 敏感性 × 防灾减灾能力。对于指标中的社会脆弱性而言，它应是社会的一种固有属性，与具体的灾害无关，反映的是特定的社会环境下抵抗灾害的能力（Yang et al., 2014）。目前，利用 VSD（Vulnerability Scoping Diagram）框架，从暴露度、敏感性和适应能力进行承灾体的脆弱性研究得到重视（周雪岩等，2022；程书波等，2022）。

　　承灾体的暴露性与脆弱性是不可分割的整体，一般认为当灾害发生时，位于致灾事件影响范围内的承灾体被称为暴露，包括可能受到损失的人员、物质、经济、公共服务和其他要素（温家洪等，2018）。对于灾害风险，承灾体的暴露量越大，风险也就越大。暴露性与脆弱性都是相对于承灾体而言的，葛全胜等（2008）将暴露性的评估指标分为数量型和价值量型，并指出价值量型指标普遍适用，强调在考虑灾害类型的情况下，其灾损敏感性应合理地纳入到暴露性评估当中。2010 年，张斌等将其应用到德清县承灾体脆弱性当中。2014 年，Wang 等认为承灾体的时空移动特征会影响到暴露性，并研究了干旱和雨天条件下游客的年发生概率、到达概率、时空概率和脆弱性的关系。2016 年我国颁布了《自然灾害承灾体分类与代码》，将承灾体分为人、财产和资源环境，可以看出在自然灾害风险研究中关于暴露性的指标选择基本上与脆弱性的指标是相互对应的。

　　3. 防灾减灾能力现状

　　气候的变化导致了自然灾害的频发，已毋庸置疑。许多事实证明了防灾减灾能力是制约和影响灾害风险的重要因素，一般社会的防灾减灾能力越强，造成灾损越会被制约，灾害风险也会相应地减弱。章国材（2014）指出防灾减灾能力包括防灾能力、抗灾救灾能力和灾后重建能力，对不同的承灾体，人类的防灾减灾能力是不同的，其认为防灾减灾能力与承灾体的敏感性应是独立的变量，可以进行分离，承灾体的脆弱性可以表示成灾损的敏感性和防灾减灾能力的乘积。在危险性、脆弱性和暴露性既定的条件下，加强社会的防灾减灾能力建设是有效应对日益复杂的灾害和减轻灾害风险的途径和手段。本书从灾害防灾减灾的手段和方法逐一介绍当前的现状，以便为衡量防灾减灾能力提供依据。

　　从政府管理角度看，将灾害预防提升到国家和地方的社会经济发展的战略地位，这为地质灾害的防灾减灾提供了政策和法律手段。2018 年 3 月我国成立了应急管理部，自此，我国拥有了应对自然灾害和突发事件的专门管理部门，极大地提高了资源信息的利用，方便了灾害发生时的统一指挥协调（杜佳音，2021）。随着我国乡村的振兴，一些地区把农村防灾减灾能力的建设纳入到了当地的发展规划中（李春晖，2021；石朋亮，2019）。

从预警预报角度看，1996年，李天斌和陈明东研究了基于时间的滑坡预报费尔哈斯反函数模型；2003年，赵黎明构建了动力学减灾系统。2005~2010年，国内学者尝试了对斜坡监测预警预报的研究（殷坤龙等，2005；陈小亮，2008；肖进，2009；杜香刚，2008），其成果从时间上看很集中。2015年，刘传正等总结了2003~2012年我国地质灾害气象预警的工作机制、技术方法和预警效果，将技术方法总结为隐式和显式两种，并提到主动防治地质灾害已经成为居民的广泛共识。对于地质灾害的气象预警，现应用非常广（温智熊等，2018）。

随着计算机科学技术的发展，一些新方法、新手段正在不断地被应用到地质灾害防灾预警研究中。例如，利用RS技术对斜坡地区的影像解译、利用GIS技术对大面积区域进行空间数据管理和分析，以及利用全球定位系统（Global Positioning System，GPS）对相关区域进行全天候的监测，建立实时的预警系统等。自2003年起，全国许多地区已经建立了各自的地质灾害监测预警系统（罗显刚等，2015；殷坤龙等，2005；师哲等，2012）。许强等（2022）指出融合高分辨率光学遥感、InSAR、无人机摄影测量、无线传感网络等多种新技术方法，使滑坡的监测从传统点式人工监测发展到了"天—空—地"多维协同监测，如基于"天—空—地"的昆明市东川区沙坝村的滑坡监测。但是，采用单技术的应用仍然存在（张晓伦等，2022；杨成业等，2022；王晨辉等，2022），主要是因为各地区的地质灾害的差异性，选择适用于当地灾特点是首要的考虑因素，而不是在追求时尚性。

从我国地质灾害预警系统的区域应用来看，福建的系统以气象预警为主，湖北、陕西主要是对灾害的信息进行管理。重庆则是以地质灾害风险管理为主，贵州、甘肃等地相继建立了省级的地质灾害气象预警系统。一些地质灾害多发区市、地区、州、县级的国土部门也有类似的系统。

参考相关文献，采用理论、实验、技术相结合的成果颇多，2014年，毕小玉等通过建立结构、设施和人员三个主要方面的建筑防灾能力评估指标体系，引入地基基础、公共设施、防灾设施、救援、疏散、人员组成等子单元，克服了以往单灾种评估的片面性和重复性，通过模糊综合评价法解决了评价对象的复杂性及评价指标难以量化的问题。郑史芳和黎治坤（2018）采用倾斜摄影测量技术，建立了灾害隐患及周边地域高分辨率航拍数据，真实地还原了实地景观，探索了灾害点监测技术方法，整个模型精度高程优于 0.5m，平面优于 0.2m。Li 等（2022）从当前没有重大自然灾害模拟培训系统的短板，研究了可视化模拟训练系统，为灾前普及应急避险、科学教育、提高应急响应能力提供了新方案，并从高新技术的应用上提升了防灾减灾能力。此外，关于预警判据、趋势预测、基于云计算和物联网的地质灾害监测和救援系统架构的设计等，亦有丰富的研究成果（王延平，2017；张晓敏等，2018；Qin et al.，2018）。

从崩塌地质灾害的工程防灾抗灾的角度看，有主动和被动工程防护之分，主动措施包括锚固、排水、刷坡、支挡等。被动防护措施有拦截、遮挡等，如被动防护网通过抑制坡面岩土体的迁移，起到预防崩塌灾害的目的。2019 年，Yang 等系统总结了柔性防护研究的成果，提出了柔性保护技术的研究方向。工程防灾属于地质工程研究领域，所涉及的技术、理论等范围非常广，为节约篇幅，不做该方向上的评述。需要说明的是在防灾减灾能力评价上，可以选择政府工程资金投入来衡量。

综上所述，我国对防灾减灾能力方面，主要集中在预警技术和工程防治领域中，但是对于如何实施防灾能力评价和效力的研究成果较少，这为风险评价带来了不便。

4. 地质灾害综合风险研究现状

地质灾害是地球表层变异过程的产物，是致灾因子、孕灾环境与承灾体综合作用的结果（史培军，2002），是在地质作用下，地质自然环境恶化、造成人类生命财产损毁或人类赖以生存与发展的资源、环境发生严重破坏的现象（罗元华等，1998；张我华等，2011），具有自然属性和社会属性（又称灾害的二重性）。自然属性是指灾害对客观世界的影响程度，在研究中通常可由事物的指标表示；社会属性是指灾害对人类社会生活的影响程度。

风险是指一种可能的状态，而不是真实发生的状况，由于人类防灾能力和实施防灾措施的不同，这种状态可能发生，也可能不发生（章国材，2014）。黄崇福（2012）指出风险分析是风险科学研究的核心内容，已成为现代社会的三大基石之一。Maskrey（1989）提出的灾害风险即是危险性与易损性的代数和，如今"四要素"理论认为它是由危险性、暴露性、脆弱性和防灾减灾能力四种因素相互作用的产物（见图 1-1）。地质灾害风险学构成遵循"四要素"理论，是研究某一地区在某一时间内可能发生哪些变异，这种变异对人类生命或财产经济破坏影响程度的可能性有多大。一般认为，灾害风险是自然或人为因素的强度，并且当承灾体暴露于孕灾环境中，在其脆弱性一定的条件下才能产生特定的灾害风险。

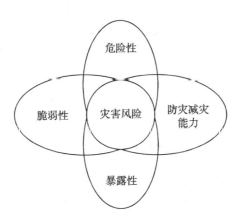

图 1-1　灾害风险构成结构

多年来，灾害风险评估的研究已取得了较大的进展，周寅康（1995）初步探讨了灾害的风险评价体系；黄崇福等（1994）、黄崇福和史培军（1994）提出了城市灾害风险评价的两级模型，并对城市地质灾害的风险做了研究。仪垂祥和史培军（1995）提出了自然灾害系统的评估理论等。其中在地质灾害领域取得的研究成果较多，比如贺小黑等（2017）通过断层单因子研究了其对地质灾害的影响，刘宝琛（1998）进行了幂函数岩石强度准则研究，冯利华和李凤全（2005）、俱战省等（2019）、余文平等（2014）分别从熵原理的角度对灾害进行了相关分析和研究。Zhao 等（2018）选择地形地貌、降雨、植被、岩土体结构等指标对中国陕西北部地区进行了风险分区。

从理论层面看，1996 年，史培军将其分为致灾因子论、孕灾环境论、承灾体论以及区域灾害系统论。1999 年，黄崇福对风险基本原理进行了详细的阐述，指出风险分析的目的是描述或掌握一个系统的某些状态，以便进行风险管理，减小或控制风险。2003 年，苏桂武和高庆华从系统学的角度，认为灾害系统是由孕灾环境、致灾因子和灾情共同组成的地球表层变异系统，灾害风险是灾害系统中的一种状态，研究灾害风险就是研究灾害系统的不确定态势。在地质灾害风险评价研究领域多采取风险 = 危险性 × 易损性的理论认知（刘小青，2019；于成龙，2021；许泰等，2022），但是本书认为采取"四要素"理论对风险进行评价比较合理，因为"四要素"能充分地反映自然灾害风险的二重性，更加符合灾害风险定义。从风险评价研究的评价量化层面，近年来融入了多种数理分析法，如模糊分析（Guo et al.，2021）、层次分析（Ruan et al.，2013）、信息量法（Lim et al.，2021）、BP 神经网络（Huang et al.，2022）等。

三十年来，我国对质灾害普查及风险评估工作投入较大。1993 年，全国开展了 1∶50 万环境地质调查；1999 年，开展了 1∶10 万丘陵山区地质灾害调查；2020~2022 年开展了第一次全国自然灾害综合风险普查，这为地质灾害风险研究提供了大量的基础数据。

同时，国内相关学者也在关注崩塌落石方向上的研究，如 Jiang 等（2020）从落石边坡发育机理出发，利用高分辨率 DTM 数据，通过落石与落石运动学特征对金沙水电站附近的崖悬落石进行了定量评价和分析。Wei 等（2022）提出了一种基于多灾种落石风险定量评估方法。

综上所述，虽然地质灾害风险评价领域方法有很多，但是大多偏向于静态，很少发现有关动态风险评估，未见利用 SD 对其研究的成果，很显然，对于地质灾害风险动力学机制的研究还是十分薄弱的。

（二）国外研究现状

1. 危险性研究现状

在危险性评价方法上，与国内相似，国外学者多采用 GIS 技术与数学方法相结合的方式进行研究，我国学者潘网生等（2015）总结了 2015 年以前国外学者关于此类研究。国外文献多集中在三维确定模型、AHP、概率分析法、Logistics、RS、人工神经网络、回归模型等（Ohlmacher and Davis，2003；Lee et al.，2001；Fanos et al.，2018；Chan et al.，2003；Antoniou，2013；Ferrori et al.，2016）。近年来，国外学者对数学模型进行改进并从与 GIS 相结合的方向去预测斜坡灾害危险性的空间特征，如 Nguyen 等（2017）利用基于实例的 k- 近邻算法（k-NN）和随机森林（RF）相结合的方法对越南凉山地区的斜坡危险性进行预测；Dang 等（2020）利用随机森林与支持向量机相结合，选择 14 个指标因子对同一地区 101 个浅层滑坡进行了预测。

在斜坡的稳定性研究方面，2008 年，Van Beek 等从边坡的侵蚀原因与过程，论述了侵蚀和稳定性的基本原理，讨论了人类活动对边坡稳定性的作用，较为详细地从岩土体的坠落、滑动和流动论述了其主要岩体类型的质量运动并说明了其原因、过程和所带来的后果，给出了边坡破坏问题的解决方案。多数边坡侵蚀由于降雨引起的案例十分多见，如印度 1880~2013 年的崩塌灾害事件，从时间上看集中发生在 7~9 月雨季（Ansari et al.，2014）。此外，采用极限平衡法对边坡的稳定性的分析在国外也很常见，如 Ersöz 等（2020）对土耳其黑海西部地区的 55 个路堑边坡的稳定性分析。还有其他的一些研究，如 Pachauri 和 Gupta（1998）尝试了基于地质学和地形学方向，对喜马拉雅 Garhwal 进行稳定性分区制图。Uromeihy 和 Mahavifar（2000，2001）基于格网单元对伊朗 Khorshrostam 地区进行了滑坡危险性分区，并探索了潜在灾害指数 IIPI。Barquilla 和 Soliman（2018）使用 RMR 和 Q-System 进行岩体分类，认为如果 Q 值低，就意味着研究区域边坡容易失稳，以此为理论依据对马里拉克公路边坡进行研究，但是利用这种方法进行研究效率很低。

在软件程序应用方面，de Vallejo 等（2020）从影响边坡稳定性的四个参数，即岩体、边坡角、侵蚀程度和不稳定性指标开发了落石敏感性指数和落石风险指数应用程序，并将该程序应用于特内里费岛火山岩边坡稳定性的评价，该程序可以根据气候条件调整降水系数等，并可以应用到该区的每个区域。Verma 等（2019）使用 3DEC（三维离散单元法程序）对印度 Aizawl 市的公路边坡进行了三维稳定性分析，确定了斜坡易落石区（不稳定区块）。Khajehzadeh 等（2022）基于人工神经网络开发了一种适用于受地震影响的边坡稳定性正余弦计算方法。此外，Rockfall、Abques 等软件的应用在行内十分多见，不再列举说明。

从边坡的变形及其机理方向，国外学者 Korup（2005）、Rice 和 Foggin（1971）、Abele（1974）、Whitehouse（1983）、Martin 等（2002）研究发现斜坡体面积与体积存在幂律相依性。2014 年，Abellán 等指出在过去的 10 年里虽然地面激光扫描（TLS）发展迅速，但是在边坡特征和稳定性监测方向上没有最佳准则，他们从远程边坡不连续性、监测岩石的稳定性等方向入手为 TLS 在边坡的应用中提出了自己的见解。利用 TLS 法对于边坡的稳定性或危险性的研究甚多，如 Matasci 等（2018）使用 TLS 获取的三维点云识别楔形和垂直倾倒破坏岩壁的断裂模式和计算失效机制，可实现量化落石敏感性，从而确定未来最可能的落石区和危险性评估。关于 RS 技术在边坡稳定性的应用，Vanneschi 等（2022）已做了相关总结。在边坡稳定性研究也开展其他的新方向，如 Šilhán 等（2019）提出基于树木年轮对区域斜坡稳定性进行描述，选取 713 个样本对 271 棵树和 18 个树根进行分析，认为树木年轮标志着斜坡运动的反应强度，为斜坡稳定性的发展提供了一种新的思路，可用于识别斜坡触发因素，如降雨特征和气候变化和极端指数等，研究结果表明春季降雨对斜坡活动具有重要影响。

2. 脆弱性、暴露性研究评述

2004 年联合国减灾署（ISDR）明确了脆弱性的内涵，即是由一系列自然、社会、经济和环境因素或过程所决定的状态，这些因素或过程可导致社会群体对灾害的影响更加敏感。

从衡量脆弱性和暴露性的方法上来看，以追求定量化方法的研究较多。2008 年，Marco 等首先提出斜坡灾害承灾体脆弱性计算公式，即脆弱性 = 滑坡强度 × 危险元素敏感性。2010 年，Mavrouli 和 Corominas 通过实验的方法计算了崩塌对钢筋混凝土建筑物的损伤指数，以此对建筑物的脆弱性进行评价，通过这种方法确定了崩塌的影响范围。2017 年，Singh 等在前人研究的基础上，提出一种评估建筑物暴露于落石下的物理脆弱性的框架。Subasinghe 和 Kawasaki（2021）以挡土墙的类型、建筑物的年限、房屋的结构类型、数量、朝向、周围墙壁和类型、屋顶材料等指标对斯里兰卡埃利亚区路堑边坡的承灾体脆弱性进行了评价，得出了物理脆弱性相关结论，同时通过调查的方法认识到了物理结构脆弱性与低收入家庭人均收入存在相关关系。但是，Cedergrena 等（2019）指出，当前用于计算脆弱性的方法和手段虽然有很多，但仅应用理论和技术去解决是远远不够的，如何在实际中对方法进行实施，这对实现预期结果至关重要，所以关于自然灾害脆弱性如何确定和计算依然面临许多疑难问题。2021 年，Zarghami 和 Dumrak 利用 SD 法预测了社会脆弱性的演变以应对其影响因素的变化，过程中构建了因果关系图，反映了社会脆弱性的相关关系，并利用 AHP 法将因果关系转化为存量流量，实现了社会脆弱性评价，模拟揭示了澳大利亚城市五个弱势群体规模的变化。Turner 等（2003）基于 SD 法描述了人应对自然灾害的策略，清晰了解人类—环境构成了灾害易损性的架构。Losasso 等（2022）提出了一种基于综合数值模型的道路基础设施系统脆弱性评价新方法，可以对道路边坡落石所产生的脆弱性精细评价，研究成果可以为容易发生崩塌灾害的地区规划者提供最佳方案去应对灾发时的紧急情况。

关于暴露性与承灾体的脆弱性的关系已在国内现状中有所描述，国外对其单独进行的研究同样比较少，大多文献是作为灾害风险评价中的一个部分进行考虑的。比如，Pappalardo 和 Mineo（2015）通过分析承灾体的暴露性研究了西西里岛东北部的斜坡落石灾害的风险，并从孕灾环境的角度提出了防范措施。Corominas 和 Mavrouli（2015）指出当前似乎都在研究量化落石危险和道路车辆暴露，但是很少有详细分析后果的实际案例，并根据落石频率和大小的作用，提出了一种完整和全面的解决办法，其通过收集 1884~2009 年西班牙基普斯夸道路的崩塌数据，以年为单位对崩塌发生频率进行量化，再以该值与崩塌点影响道路宽度以及车辆易损性对可能产生的直接经济损失进行计算，以此来衡量其经济暴露量。但是使用这种方法需要大量的历史数据，世界许多地区对地质灾害的数据是缺少历史记载的，所以很难实现。

通过查阅文献，可以发现针对具体的崩塌致灾因子的脆弱性和暴露性的度量标准尚未统一，这是由崩塌灾害本身复杂性的特点决定的，同一致灾因子在不同的地区，因承灾体的类型、社会和自然环境的异同，很难做到标准的统一。

3. 防灾减灾能力研究综述

从自然灾害的定义中，可以将防灾减灾能力拆分为两个基本要素，即灾害事件的发生和其造成人类的生命和社会财产的损失。如不存在承灾体则灾害亦不存在，即自然力超过承灾体的承灾力发生的事件影响到了承灾体的损失。那么可以这样理解，防灾减灾能力就是针对承灾体而言的，是为了降低承灾体的脆弱性，所以防灾减灾能力包括应对能力和恢复能力。一般情况下，人类是通过减少承灾体的暴露量和脆弱性去降低自然灾害的风险，这就涉及如何减少承灾体的暴露量以及脆弱性，那么针对崩塌地质灾害防灾减灾能力方面就涉及非工程措施和工程措施两个方面。前者主要包括植被保护、限耕牧、信息化预警、防灾教育等；后者主要针对特定的致灾因子进行主动或被动的工程减灾。

自然灾害离开人就不可能存在。由人抵抗灾害的发生或减小（降低）灾害带来的风险，因此防灾减灾是自然灾害承灾体的对立面。发达国家对自然灾害风险的防范十分重视。1951 年，日本京都大学成立了灾害预防研究所，2015 年京都大学又推出了日本—东盟科学、技术和创新平台，该平台包括能源与环境、生物资源和生物多样性、防灾三个研究领域，分别与吉隆坡科技大学、图卢兹大学合作建立卫星基站，广泛地开展灾害相关研究，包括地质灾害，引领了灾害预警领域的发展（Takara，2017）。1994 年 5 月，在日本横滨举行世界减灾会议，通过了"横滨战略"，制订了 2000 年后的防灾计划，突出抢救生命和保护财产的减灾战略。2005 年在日本神户举行了减少灾害的国际会议，通过了《2005-2015 年兵库行动框架（HFA）》，认为各国加强自身的社会抗灾能力是减灾的一种必要性，是减少致灾因子和人类活动所导致的脆弱性和风险。例如，圣保罗市在 2012~2013 年制定了风险区划图，从风险感知、预防方法和风险区域测绘能力三个方面，对居民等进行教育，使危险地区的居民能融入和参与公共政治，有助于降低风险（Goto and Picanso，2014），虽然该文献列举的是洪灾风险，但是从防灾的角度同样适用于地质灾害。Fakhruddin 等（2020）陈述了风险沟通是有效的防灾减灾策略，即向弱势群体传达危险预测和风险信息可有效地应对灾害、减少其影响和预防生命的损失。2021 年，Bhatt 和 Pandya 指出降低未来风险能力，需要从微观到宏观建立风险预防能力，并推出印度减灾研究所课程。2022年，Daimon 等提出诺亚方舟效应，认为发展备灾能力和增强社会抗灾能力是抵抗自然灾害风险的必要措施，体现了主体人在灾害风险防控中的重要作用。Heo（2022）提出了综合影响分析系统，使用成本效益分析（CBA）和居民安全的间接影响分析了防灾投资效益，反映了国际上从传统粗放的防灾投资向精细化防灾的转变。

目前，利用现代技术手段进行地质灾害防灾的研究成果较多，如 Lissak 等（2020）举例说明了各种类型遥感的适用性和差距技术，并指出在对斜坡的变形监测中应整合不同数据源，用以弥补数据自身的局限性，从而达到边坡变形的可识别性是当前面临的挑战。Arvindan 和 Vijayan（2022）介绍了灾害预警系统是灾害管理中的重要手段、预警系统的研究现状以及未来发展趋势和需要解决的问题，在斜坡预警系统的综述中提到了基于高分辨率的岩体裂缝和降雨数据自动化的岩土工程操作流程，该套方案已在 2018 年开始运行；基于多传感器的信息和分离时空降雨模型的定量降水估算技术对滑坡的预警有较好的精度。Panigrahi Dhiman（2021）在总结印度滑坡监测预警系统不足的基础上，实现了无线网络支撑下的监测系统。虽然关于斜坡灾害预警监测系统的研究比较多见，但面向的是单坡监测预警，如果对大区域实施推广则费用偏高。

4. 自然灾害风险以及斜坡灾害风险评价研究综述

国外学术界和许多研究机构对自然灾害风险的研究已经长达几十年，仅关于自然灾害风险的定义或认识就达近 20 种。比如 Garatwa 和 Bollin（2002）、Undha

（1992）认为灾害风险是危险性和脆弱性的乘积；日本亚洲减灾中心认为自然灾害风险是危险性、暴露性和脆弱性构成的函数（ADRC，2005），但是未能给出具体的函数关系。关于地质灾害风险的概念是由 Vanes 在 1984 年提出的，1987 年世界环境与发展委员会认为应该将抗灾能力纳入到地质灾害风险中。

许多年来，许多学者一直致力于研究风险指标和风险评价方法。比如 2005 年，Dilley 等将 GDP 的直接损失和人口纳入到滑坡灾害评价中。2006 年，Nadim 等将死亡人数作为脆弱性的因子，并评价了全球滑坡风险，结果显示风险最高的地区是哥伦比亚、塔吉克斯坦、印度和尼泊尔，据估计每 100 平方千米每年死亡人数超过 1 人；研究体现了风险的定义，将人的生命放在风险评价的首位。Li 和 Wu（2019）从水文地质、工程地质选取 12 项影响指标，并对指标进行测度分析，建立了围岩变形风险综合评估。目前，对风险评价多以 3S 技术为主（Tsai et al.，2008；Bhusan et al.，2013；Wang et al.，2015；DurićAna et al.，2017），但仍然基于模型叠加分析的基础。

随着计算机技术的发展，国外在软件或程序上的研究成果优胜于我国。比如，Mavrouli 和 Corominas（2018）研究了一种用于量化道路和高速公路落石风险的工具（TXT-tool 4.034-1.1），该工具的重点是根据落石频率和大小量化车辆暴露和落石撞击的后果，通过对受损道路的修复费用计算由临时闭塞而造成的间接损失，它为斜坡灾害风险分析与管理提供了一定参考。Farvacque 等（2021）研究了精准落石风险评估，从减少死亡人数和成本方面提出了一种崩塌评估分布的空间连续函数方法，程序中回避了传统落石危险和风险的评估轨迹模型，可以对极端事件所造成的风险进行评估。

由于崩塌地质灾害风险系统的复杂性，Scavia 等（2020）指出，崩塌灾害风险分析的理论框架应该满足所研究的真实事件，因此他将崩塌风险过程分为危险性识别、落石跳动分析、危险性评估、脆弱性评估和风险评估五个步骤，通过引入真实的案例进行每个阶段评价方法的适用性解释，提出了每个步骤对风险分析评价的重要性。Marchelli 等（2022）认为，对于大中型区域的崩塌很难对所有引起灾发的变量做到面面俱到的考虑，所以也就意味着很难进行真实的建模，他还认为传统的风险评估忽略了致命事故场景的完整性，所以从崩塌影响行人和车辆的角度，量身定制了定量风险和树分析法的风险评价混合模型，以意大利阿尔卑斯山公路进行了风险评估，效果较好，但是这种模型实施起来很不方便。Sari

（2022）通过分析斜坡以往的崩塌历史，从落石的运动学、稳定性分析、风险评估、二维轨迹等多个角度分析其风险性，通过落石运动学揭示了边坡不连续性中不同结构控制破坏模式，但是由于以往崩塌详细的历史数据很难收集，因此这种方法也不好推广应用；另外，使用此方法很难实现对大面积区域的崩塌灾害风险的评估，也会带来巨大的工作量和经济成本问题。

2020 年，Tiwari 等收集了全球斜坡研究论文，总结了当前斜坡的风险评估研究进展，指出目前特别是在测试、建模和风险评估方法方面取得的许多进展。2022 年，Moos 等提出了一个简单的落石频率模型（Rockfall Frequency Model，RFM），这为落石风险的量化、估算落石和岩体体积提供了依据，即使历史库存缺失或不足，也可以得出落石事件发生的频率。从数学模型、监测等综合应用方向看，Takayanagi 和 Sato（2018）在降雪地区的路堑边坡下监测了地下水位的变化，发现长期暴露于融雪水的斜坡的不稳定性高，基于这种思想开发了一种评估融雪季节地质灾害风险的方法。Macciotta 等（2019）提出了一种定量风险评估（QRA），用以指导岩石坠落防护策略的选择。2020 年，Ward 等总结评述了全球各类自然灾害风险评价的热点问题。2022 年，Ward 等概述了美国多风险研究的进展，指出在过去的几十年里，研究领域从管理自然灾害向自然灾害风险转变，但是大多数自然灾害风险研究仍侧重于单一灾害，对于多灾害和多风险评估和管理的概念近年来已成为焦点，其认为多灾种可以相互关联引发灾害。一个地区几个连续的灾害，其承灾体的脆弱性/暴露性发生变化，会导致灾害风险发生变化等，特别是由于环境条件在迅速地改变或恶化，单一和多重灾害的强度和频率正在以前所未有的速度变化（Vogel et al., 2019）。因此，展开多种灾害风险研究是非常必要的，这与我国学者史培军先生的观点一致。2019 年，Blahůt 等公布了火山岛巨大滑坡的全球数据库[①]，可以测量每个滑坡的基本地貌特征，包括长度、宽度、周长、面积和坠落高度等，这为火山大型滑坡灾害风险机理的研究提供了数据共享和参考。

（三）系统动力学相关研究

系统动力学是由美国麻省理工学院福瑞斯特（J W Forrester）教授创立的，是一门分析研究信息反馈系统的学科，它以定性和定量分析相统一，借助计算机

---

① https://www.irsm.cas.cz/ext/giantlandslides.

技术从系统内部的微观结构剖析系统，通过建模解决实际中的问题，并寻找解决问题的对策和方法。分析研究信息、反馈系统的结构、功能与行为之间动态的辩证对立统一关系（王其藩，1998）。通过中国知网（CNKI）、全国图书馆参考咨询联盟、百度学术、谷歌学术等为检索数据库来源，选择"崩塌""滑坡""斜坡""灾害""SD""系统动力学""风险""rockfall""landslide""risk""assessment""vensim""Stella""集成"等多级关键词进行模糊检索，发现 SD 在斜坡灾害风险评估领域的应用非常少。根据本书的需求，对本次工作有一定参考和借鉴的文献进行评述：

虽然 SD 在地质灾害风险等相关研究中的成果较少，但是在其他领域有大量的应用。Zhang 等（2011）利用 SD-CIS 建立了突发性水质模拟系统，并通过 SD-API 与 GIS 相集成，开发了相关模拟软件。Phonphoton 和 Pharino（2019）通过建立系统动力学模型，仿真了不同时期洪水情景，并对泰国曼谷 22 个区域的废物管理系统的影响进行了评估。Garbolino 等（2016）分析了工业现场活动动态，将系统建模划分为社会系统建模、系统正常状态建模、故障识别、演变、模拟危险现象、预防手段等 10 个互补步骤，利用 STELLA 软件研究了 SD 在实际应用中的简化方法以及仿真。Yeh 等（2006）通过建立土壤侵蚀模型、泥沙迁移模型、地表径流模型、土壤养分模型和经济模型，以 Excel 为中间件链接 GIS 和 Vensim，模拟了台湾基隆河的土壤侵蚀和养分影响。谷国峰和蔡维英（2007）通过建立长春市的人口子系统、资源子系统、制造业子系统和社会总产值子系统，通过子系统与子系统的相互联系建立了社会经济发展的系统动力学模型，预测了长春市经济发展变化趋势。刘汝良等（2008）通过求出 Keyfitz 模型和 Rogers 模型的理论解，获取相应的指标值，然后通过改进 Rogers 模型，把常系数变为变系数，建立了系统动力学模型，以江西省为例进行了相关研究，简化了人口模型中微分方程求解的困难性。陈阳和逯进（2017）引入联合国的人口预测数据，以人口数量、人口结构、人口质量构建了人口发展系统与经济增长系统的动力学模型，并对模型进行了系统结构检验、敏感度检验，以模拟的数据与历史数据对比，发现数据基本吻合。

我国学者曾光初和王爱英在 1995 年利用系统动力学建立了泥石流 SD 系统模型，但模型过于简单，对于内、外变量和相关函数初值的确定只通过了统计学、经验模型等，起到了一定的探索作用。李海峰（2010）从地球动力与物质系统讨论了滑坡生成的机理问题。赵黎明（2003）以社会、经济、生态的可持续发展为目标，研究了灾害管理系统中的动力学机制，提出了基于主体的灾害管理演化建模方法，建立减灾系统动力学模型。苏经宇等（2015）利用 SD 进行了城市抗震防灾能力的动态评估，建立了城市重点区域灾前紧急疏散、震后薄弱区短期疏散和震后救援三个子模型，为相关研究提供了参考价值。姜世平等（2011）通过建立散粒体的邻居目录，以射线交叉法判断散粒体间的接触，给出了散粒体系统动力学的仿真方法，具有一定的理论价值。Ferrero 等（2016）从系统学角度研究了斜坡不稳定性的机制，并讨论了目前的局限性。朱照宇等（2002）从灾害动力学角度将灾害影响因素和动力源分为大气圈、水圈、生物圈及人文圈（人类活动），以广东沿海陆地为研究对象，指出人类系统在地质灾害系统中的重要地位。

三、当前存在的不足

（1）通过在中国知网（CNKI）、全国图书馆参考咨询联盟、百度学术、谷歌学术等多个数据库平台中，输入"地质灾害""崩塌""滑坡""斜坡""风险""危险""机理""分异"以及相对应的英文关键词进行多级模糊检索，虽然发现地质灾害危险性和风险评价研究的内容和成果很多，但是对灾害驱动机制研究较少，在已有的研究中极少发现关于地质灾害风险孕育动力学机制方面的研究，特别是在崩塌灾害的研究中几乎没有发现有类似或相关的研究。

（2）在国内外的地质灾害风险评价中，主要强调其自然属性研究，轻视了对社会属性的研究，特别是人类活动对地质灾害的影响研究较少，存在自然属性研究和社会属性研究脱节现象。各指标互相独立，这显然脱离了实际。在现实环境中，很多因素之间是存在互相联系和反馈的。

（3）缺少对承灾体时空特征的研究。比如，存在于社会中的人有活动时空的特性，一年内不同的季节或时间段户外活动的程度存在着差异，一般在严寒的冬季、雨季，人的户外活动会比平时要少，而夜间比白天活动少等。承灾体暴露性是灾害风险评价研究中不可或缺的因素之一，如不考虑它的时空特征，直接进行传统的指标的选择对风险评价，这样势必会给所得的结果带来不确定性。对脆弱性来说，一个区域内人的年龄结构，会影响到灾害脆弱性，青年群体比老年群体更易应急避险。防灾减灾能力与脆弱性的关系等都应该在风险评价研究中得以考虑。

（4）地质灾害学风险研究呈现混乱状态，表现在分析方法多样，学者们更多的是进行不确定意义下的定性、定量分析，似乎都在研究风险评估，但是对其成果的可靠性，大多表示可疑，这都是因为没有真正站在系统的角度把问题分析清楚，只靠数学模型、专家打分、人为经验以及现代的无人机、遥感、力学分析手段等，会造成复杂系统的更加不确定性。

（5）许多学者不进行研究区域的划分，不考虑灾发的驱动机制的异同，不对驱动机制进行研究，将过程进行简单化。比如，在诸多研究中，通过把指标因子分解，然后通过设置权重，选择相关统计方法（灰色系统、模糊数学、层次分析、神经网络等）进行研究。很显然这种方法较难从本质上理解灾害因子对风险的影响，因为这种方法很难得知它的变异性到底有多大，不清楚各因子对灾害的变异强度，就会导致危险性的结果不准确，最终影响到风险评价的成果。

（6）综观文献，很难找到一篇完整的讨论或者研究风险源变异强度的文献。虽然崩塌、滑坡与降雨强度有极大相关性，但是只靠简单的经验值，很难真正的说明问题，可这是风险源识别的核心问题。这种问题给准确的地质灾害预警带来很大的不准确性，比如有些崩塌、滑坡点长达十余年都不至于发生灾害，而有些滑坡、崩塌隐患点在无雨天晴的情况下突发。所以，具体灾点需要具体分析危险源的强度，这也是地质灾害与其他自然灾害不同之处。

四、研究内容与技术路线

以灾害风险评价"四要素"理论为依据，选择崩塌灾害为研究对象，以 GIS 和 Vensim 软件为主要技术手段，建立崩塌地质灾害 SD 风险评估模型，实现崩塌灾害的动态风险评估。从某种意义上来说，填补了 SD 在地质灾害风险评估学应用领域内的空白，为其继续深入研究提供必要的参考依据。

虽然 GIS 空间分析功能十分强大，但是它在时间序列、事物发展机理学分析上存在着许多不足之处。模型是以某种形式对一个系统本质属性进行抽象的描述，以揭示系统的功能、行为及其变化规律（Antoniou，2013）。在实际问题中，依靠单一的模型对目标进行研究，往往较难满足复杂系统的要求，很难找出重要的成因联系或关系，而 SD 可以很好地解决此类问题。将 GIS 与 SD 相结合可以发挥各自优势，更好地服务于研究。本书主要研究内容如下：

（一）崩塌地质灾害调查

本书在收集研究区内工程地质数据、气象水文条件数据、土地利用信息、不同时间序列的遥感影像等基础数据的基础上，开展了崩塌地质灾害高分遥感解译、结合野外实地调查等手段，获取到了研究区内的崩塌灾害点属性数据，包括灾害点的规模、堆积体规模、坡度、坡向、区域植被条件、岩体风化程度、历史灾发时间、灾情等。

（二）孕灾环境研究

在孕灾环境研究过程中选取了地形地貌、人类活动强度、岩土体结构和地质构造、水文条件、植被条件、气象条件等指标，利用 ArcGIS 软件对区域进行格网划分，然后利用灰色关联法获得本区的孕灾环境复杂性。通过半定量法对区域崩塌致灾因子孕灾条件取得初步认识，同时为 SD 模型参数提供数据信息。

（三）易发性研究

为了获得影响崩塌灾害的各项因子的贡献率大小，以便更清楚地了解本区的孕灾环境，根据 2020 年颁布的行业标准——《地质灾害风险调查评价技术要求（1：50000）（试行）》（以下简称《技术要求》）所推荐的信息量模型对其进行研究，获得了本区崩塌灾害易发性数据层，最后统计分析了崩塌灾害的发育特点，为 SD 建模提供参考依据。

（四）分异规律研究

本书中从长白县全区域考虑，选取了地形地貌、人类活动强度、岩土体结构与地质构造、水文条件、植被状况等作为研究的指标，通过 DEA 模型分析和探索了研究区崩塌地质灾害的分异规律和驱动机制，为确定系统边界和反馈回路提供依据。

（五）边坡稳定性研究

由于传统的力学实验手段耗时耗费，考虑本区为玄武岩台地，选择了多年时间序列的 Landsat8 遥感影像，在 ENVI 软件中通过主成分分析法，研究了岩体结构与铁染异常的关系，并以铁染异常为指标对岩体破碎情况进行划分。然后，在 ArcGIS 软件中对区域建立格网，将元胞自动机和神经网络相结合模拟了本区每一格网内的铁染异常变化情况，根据相关理论，提出了玄武岩边坡稳定性的判据公式，提取了边坡稳定性数据信息，为 SD 建模打下了重要基础。

（六）SD 模型的建立和风险评价

从崩塌事件形成机理方向，循环渐进地分析了崩塌事件形成的过程、崩塌灾害风险动力学过程以及崩塌灾害风险系统的构成，从而确定了 SD 模型的边界，完成了从传统静态指标向 SD 模型参数的转变。在 Vensim 软件中构建了因果回路图和存量流量图，利用多种方法获取了模型参数，介绍了重要参数的获取方法。最终运行程序提取了本区灾害风险的时空特征数据，然后通过信息量模型对区内风险进行计算并结合野外实际调查情况，对本次 SD 模型运行结果进行了科学的阈值划分，形成了本次风险评估研究的成果。具体工作流程如图 1-2 所示。

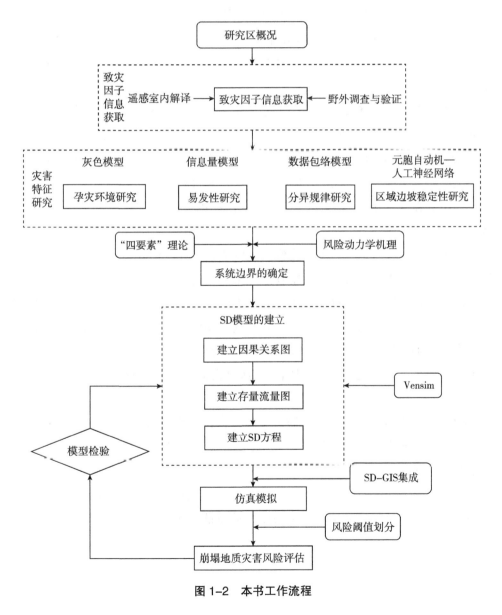

图 1-2　本书工作流程

五、本书的创新点

根据国内外自然灾害风险评估的研究现状，在总结当前行内研究不足的基础上，从实际的意义和可行性程度出发，围绕"四要素"理论，以长白县 S3K 段公路边坡崩塌灾害为例，选择了多种方法对该区域开展了基础性研究工作，包括崩塌灾害孕灾环境、易发性、分异规律、稳定性的研究，在此基础上，通过对其风险机理的分析，界定了本次 SD 模型的边界，构建了因果回路图，建立了存量流量图；通过多种模型或方法相结合确定了 SD 模型参数值，研究了 SD-GIS 集成环境，经多次反复调整模型参数和结构，完成了本次风险评估的研究工作，其主要创新点如下：

（1）通过数理分析，论述了崩塌灾害具有空间分异特征。选择 DEA 模型为分析方法，结合孕灾环境、易发性研究成果，参考了《滑坡崩塌泥石流灾害调查规范（1∶50000）》（DZ/T 0261-2014），合理地对指标进行选择，分析了长白县全域崩塌致灾因子的主要控制因子，并进行分类，在 ArcGIS 软件中进行空间分布制图，分析和讨论了各项因子对崩塌灾害的作用，解决了人的主观认识。

（2）关于玄武岩区域边坡稳定性判别的创新。通过把握玄武岩区域岩体遥感光谱特征，从工程学角度，重新解释了铁染异常的概念；对土地利用变化的相关成果进行提炼、加工和改进，提出了满足本区边坡稳定性判别公式，选择不同时间序列的遥感影像，以人工神经网络和元胞自动机相结合并模拟研究了本区的边坡稳定性，通过野外验证说明了该方法的可行性，利用遥感影像解决了基于区域范围尺度的边坡稳定性快速识别，为从事类似区域相关研究人员提供了参考依据。

（3）风险评估方法的创新。通过文献检索，发现目前利用 SD 方法对崩塌灾害风险评估的研究成果较为稀少，利用 SD 方法对其进行研究，为崩塌灾害风险评估提供了一种新的思路。

（4）明确体现了崩塌灾害风险的时空特征。传统的斜坡灾害风险评估大多属于静态研究范畴，很难表达动态风险变化的特征，而利用 SD-GIS 可以实现动态评估的目的。

本章小结

　　本章从研究背景、目的意义出发，从自然灾害风险构成"四要素"的角度，以斜坡地质灾害危险性、脆弱性与暴露性、防灾减灾能力和综合风险四个部分对国内外的研究现状进行评述。了解了国内外的研究进展和主要方法，总结分析了当前领域内研究的不足，从而展开了关于研究内容的描述。通过图1-2，可以清楚地看出本书研究的主要内容，包括崩塌致灾因子信息获取、孕灾环境研究、易发性研究、分异规律研究、区域边坡稳定性研究、SD模型的建立和风险评估等。通过对研究创新点的总结和介绍，体现了本书的研究价值。

第二章 区域概况、理论方法和数据来源

一、区域概况

（一）地理位置

长白县位于吉林省东南部，长白山南麓，鸭绿江上游的右岸，西连临江，北界抚松，东南以鸭绿江为界与朝鲜隔江相望。地理坐标：东经127°17'~128°29'，北纬40°37'~41°05'。东西长82.9km，南北宽30km，总面积为2497.6km²。

长白县境内山高林密，峰奇谷异，交通较为闭塞，以公路交通为主。临江—长白公路、松江河—长白公路连通省内外，是交通运输的主干线，并与县内各乡镇的砂石公路相通，形成了县域交通网。另外，航运也是长白县交通运输手段之一，主要运输木材和山林特产等。

（二）气象条件

研究区属北温带大陆性湿润季风气候。根据1961~2018年气象数据资料，统计主要气象参数如表2-1所示。

表2-1 研究区主要气象数据

参数	数据	备注
年平均降水量	694.8mm	
年最大降水量	928.7mm	1986年
日最大降水量	93.5mm	1965年8月6日
多年平均气温	2.1℃	
极端最高气温	34.8℃	

续表

参数	数据	备注
极端最低气温	−36.4℃	
平均日照时数	2466.5h	
无霜期	90~110 天	
平均冻土深度	1.5m	
多年平均蒸发量	1101.5mm	

研究区内气象条件的主要特点如下：

（1）降水空间分布不均，望天鹅—横山林场以北、十一道沟的大蛤蟆川—马鞍山以西，年降水量达 750mm 以上，其中东北部长白山天池附近多年平均降水量在 1000mm 以上，中东部降水量相对较小，年降水量低于 700mm，鸭绿江沿岸为 600mm 左右。

（2）季节性降水量差异大，且具有周期性，6~9 月约占全年降水的 60%，7 月和 8 月雨量最为集中，多年平均分别为 152.0mm、148.1mm。

（3）冻融时间稳定，县域 10 月中旬冻融出现，期间会有夜间冻白天融化的现象，11 月上旬进入封冻期，冻层逐渐加深，至次年 2 月冻层厚度达 150~200cm。3 月中旬地面开始化冻，5 月中旬全部融化。

（三）水文条件

境内河流均属鸭绿江水系。鸭绿江发源于长白山天池南坡，由北向南，再向西沿中朝边界蜿蜒流淌，河宽 50~100m，水深 2m 左右，最大流速为 1.36m/s，最大流量为 109.1m³/s，多年平均径流量为 $114800 \times 10^4 m^3$。境内超过 10km 的鸭绿江支流有八道沟河、七道沟河、十三道沟河、十五道沟河、十九道沟河等，呈扇状分布，谷地切割深狭，河床比降大，水势急湍。

根据含水介质、地下水赋存条件和水动力特征等，县域内地下水划可分为松散岩类孔隙水、玄武岩类孔洞裂隙水、碳酸盐岩类裂隙溶洞水和基岩裂隙水四类，部分统计如表 2-2 所示。

表 2-2　地下水类型与分布统计

地下水类型	水位埋深	水量	水化学类型	地理位置
松散岩类孔隙水	支流沟谷区域：0.8~2m 河漫滩区域一般 1~2.5m	单井涌水量 500~1000m³/d	重碳酸钙钠、钠钙或钙镁型	鸭绿江支流下游沟谷及断续分布鸭绿江河谷区
玄武岩类孔洞裂隙水	—	单井涌水量 100~1000m³/d	重碳酸钙镁型为主	熔岩高原区
碳酸盐岩类裂隙溶洞水	—	泉流量大于 10 l/s	重碳酸钙镁型为主	东西向带状分布于鸭绿江北岸
基岩裂隙水	—	泉流量 0.1~1.0 l/s	重碳酸钙钠型	鸭绿江北岸及望天鹅一带均有分布

资料来源：整理自当地的地质勘察报告、水资源调查研究资料等。

（四）地形地貌

1. 地形

长白县全境坐落在长白山南麓，地势东北高、西南低，逐渐倾斜。境内最高点位于长白县最北端的中朝三号界桩点，海拔高度为 2457.4m；沿江最低点为七道沟河与鸭绿江汇合处，海拔为 450m；平均海拔为 1570m。S3K 段公路区域最大坡度约 73°，最大高程约为 1155m。

2. 地貌

长白县地势为东北部高，西南部低，河流切割强烈。按地貌成因划分，全区可分为火山地貌、剥蚀侵蚀地貌、侵蚀堆积地貌和堆积地貌四种类型，相关统计如表 2-3 所示。

表 2-3　县域地貌类型与其特征统计

地貌类型	占全区面积	岩性及其组成	发育形状	分布
火山地貌	>80%	玄武岩夹泥砾、砾石、砂、亚黏土组成	河谷呈"V"形	以熔岩高原为主，分布在八道沟与十八道沟之间
剥蚀侵蚀地貌	—	由花岗岩、混合岩及变质岩构成	"V"谷发育	七道沟、八道沟和老局所等
侵蚀堆积地貌	—	一级阶地：砂砾石及亚砂土层 二级阶地：在冷沟子以上为侵蚀阶地	—	长白镇所处地段和鸭绿江凸岸

地貌类型	占全区面积	岩性及其组成	发育形状	分布
堆积地貌	—	沙砾层及砂土组成	—	鸭绿江的河漫滩

资料来源：整理自当地的地质勘察报告、水资源调查研究资料等。

（五）植被状况

长白县植被非常发育，覆盖率达81%。植被种类繁多、资源丰富，主要有木本植物、草本植物、灌木等自然植物和人工林、经济树木等人造植被。植被具有明显的垂直分布生态序列特点，海拔500m以下为温带阔叶林带，海拔500~1200m为寒温带针阔混交林带，海拔1200m以上的为寒温带针叶林带。

（六）地层岩性

县域内出露的地层比较齐全，主要地层为上新近系—更新统的玄武岩，占总面积的80%以上。其他还有太古界鞍山群、元古界辽河群、震旦系、古生界寒武系、奥陶系、石炭系、中生界侏罗系和新生界新近系、第四系等。

（七）地质构造

长白县位于中朝准地台的东北边缘，辽东隆起区的东段，太子河—浑江凹陷的"弧"部。在漫长的地质历史时期内历经多次构造运动，发育具有性质不同、形态不一、规模不等的构造形迹。

本区新构造运动并非直线式上升，而是在急剧上升过程中，自第三纪末以来至少上升了250m。由于新构造运动强烈，使老构造复活，自第三纪末到近代有四期以上的火山活动，其活动强度及规模则越来越小。此外，白头山山麓地带的玄武岩台地上，放射状张裂隙发育；十五道沟断层错断玄武岩，断距达2m。玄武岩的断裂现象表明第四纪断裂构造是比较发育的，但规模小，多表现为正断层性质。从沟谷形态和山坡特征等现象分析，本区现代构造运动仍处于上升过程中。

（八）人口与经济环境

长白是全国唯一的朝鲜族自治县，全县辖7个镇、1个乡、13个社区、77个行政村和42个自然屯。2020年末，长白县辖区总人口数量为75497人。由多民族组成，汉族约占全区人口的81.8%，朝鲜族人口12641人，约占全区人口总数的16.7%。全区城镇化率高，其城镇人口占全区人口的59.9%。人口构成情况统计如表2-4所示。

表 2-4 2020 年长白县人口构成情况统计

统计项目	数据	统计项目	数据
年末总人口	75497 人	人口增长率	-6.3‰
汉族人口	61766 人	汉族人口占比	81.8%
朝鲜族人口	12641 人	朝鲜族人口占比	16.7%
其他少数民族人口	1090 人	其他少数民族人口占比	1.4%
男性人口	37830 人	男性人口占比	50.1%
女性人口	37667 人	女性人口占比	49.9%
城镇人口	45236 人	城镇人口占比	59.9%
农村人口	30261 人	农村人口占比	40.10%

资料来源：长白县人民政府网，http://www.changbai.gov.cn/cbgk/cbgk/201801/t20180108_257141.html。

为排除新冠疫情影响，将 2019 年经济指标进行统计（见表 2-5），以及 2020 年主要资源与生态环境指标进行统计（见表 2-6）。

表 2-5 2019 年长白县主要经济指标情况统计

统计项目	数据	统计项目	数据
GDP	33.96 亿元	科学技术支出	425 万元
公共安全支出	6098 万元	教育支出	19891 万元
公共财政预算收入	23.19 亿元	城镇常住居民人均可支配收入	21525 元
非私营单位就业人员平均工资	60649 元	农村常住居民人均可支配收入	10115 元

资料来源：《吉林统计年鉴 2020》及其他长白县统计公开数据。

表 2-6 2020 年长白县主要资源与生态环境指标情况统计

统计项目	数据	统计项目	数据
耕地面积	6400 公顷	水资源总量	11.48 亿立方米
交通条件	全域道路 993.08 千米	各类蓄水工程	29 处
粮食总产量	20859 吨	单位 GDP 能耗	0.183 吨标准煤 / 万元

统计项目	数据	统计项目	数据
有林地面积	21.74 万公顷	空气优良天数占全年比例	92.4%

资料来源:《吉林统计年鉴2020》及其他长白县统计公开数据。

(九)人类工程活动

多年来,县域内人类工程经济活动主要是围绕矿业开发、水电产业和基础设施建设进行。长白县南部矿产资源、水利资源丰富,人口稠密,是工程经济活动最强烈的地区;中北部矿产资源贫乏、人口稀少,工程经济活动较少。经多年建设,截至2019年末,全县建成小水电站34处,总装机容量为6.886万千瓦,年均发电量为2.0亿千瓦时左右。其规模较大的有双山电站、宝泉山电站、十三道沟电站、十五道沟电站、鸭绿江电站等。截至2020年,全县公路总里程为993.08千米,其中国道为267.87千米,省道为37.17千米、县道为235.82千米、乡道为278.16千米,村道为174.06千米。2020年旅客周转量为2433万人千米,公路货运量为35万吨,货运周转量为11522万吨千米。

由于本区特殊的地质环境条件,不规范人类工程经济活动,如区内过度地进行矿业开采、大规模的房屋修建、道路建设等使当地自然环境遭受了严重破坏,造成了边坡水土流失、使崩塌地质灾害隐患点积聚,对人民生命财产安全造成了较大的威胁,制约了地方经济的发展,这也是长白县最为重要的环境地质问题,全区崩塌地质灾害隐患点主要分布在工程活动频繁的公路沿线。

二、基本理论

(一)自然灾害风险"四要素"理论

自然灾害风险是由灾害危险性、承灾体的易损性或脆弱性、防灾减灾能力和暴露性组成的。对于一个区域内的致灾因子,它的风险受由危险性、脆弱性、防灾减灾能力和暴露性共同制约和影响,其计算公式可以表示为自然灾害风险度 = 危险性(度)× 脆弱性 × 防灾减灾能力 × 暴露性(佟志军等,2008;张继权等,2006)。利用该理论在自然灾害不确定性研究的基础上展开一项多因子综合分析,适用于各类自然灾害风险研究工作。

崩塌地质灾害风险与其他自然灾害风险一样，同样具有自然和社会两种属性，即当崩塌致灾因子超过一定程度时，就会对人的生命或者社会经济造成损失。可进一步理解为：崩塌现象与其自然属性影响到人类的生存或生活以及财产安全，从而构成了崩塌自然灾害的风险。从系统学的角度可理解为：它是以社会属性为纽带，是自然界中一种普遍的地质现象，只是因为这种地质现象影响到了人或人类生存的环境，从孕灾到灾发形成一个非常复杂的系统架构。

对于崩塌的危险性可以理解为边坡在自然环境中的变异程度，受发生概率和规模强度的影响，当这种变异强度越大、发生概率越高时，所造成的崩塌灾害的风险值就越高。暴露性与脆弱性都是相对承灾体而言的，根据它们的概念和定义，针对公路边坡崩塌的承灾体，主要有房屋、公路、出行人员等；脆弱性就是当这些承灾体暴露在崩塌灾害环境中，即灾变强度一定时可能造成的损失。出行人员受时间影响，比如雨雪季、寒冷的冬季比平时要少，也就是承灾体的暴露量在恶劣的环境中会减小。防灾减灾能力受在区域内防灾减灾工程的投入、宣传教育、人的应急自我保护意识等影响，防灾减灾能力越强所对应的风险就越低。从某种程度或角度而言，它又影响到承灾体的脆弱性和暴露性，如当人对崩塌灾害意识加强以后，则会减少在崩塌危险区暴露量，从而降低其风险。又如，对崩塌灾害点进行工程治理，从而降低灾变的强度，也降低了崩塌边坡对承灾体的破坏，也就是易损性得到相应的减小，降低了风险。总而言之，承灾体的脆弱性和暴露性与灾害风险生成的作用方向相同，而防灾减灾能力与灾害风险生成的作用方向相反。

综上所述，在进行"四要素"评估某区域内的崩塌灾害风险时，需要考虑各级指标之间的关系。站在系统的角度分析其本质，弥补当前自然灾害风险评估研究的不足，才能从研究层面取得相应的理论或方法的突破。

（二）SD 基本理论与方法

SD 吸收了控制论和信息论的精髓（蔡林，2008），把定性与定量结合起来，通过建立反馈环和设定各种系统变量及方程，构建系统行为模式，其核心是取决于模型内部结构和反馈机制（钟永光等，2016）。对于特定的研究对象，SD 首先把它看成是一个系统，有自己的边界，边界内由若干互相作用的子系统组成，每个子系统又可以进一步地划分子系统。SD 的思想着眼于系统的全局、宏观的动态行为，可以处理高阶次、非线性、多重反馈复杂时变系统的问题（栾雪剑，

2006）。适合分析研究信息、反馈系统的结构、功能与行为之间动态的辩证对立统一关系（左忠义、王克，2015）。

1. SD 模型的结构

一般情况下，一个完整的 SD 模型是由诸多反馈回路组成的，其一阶反馈回路是构成系统的基本结构，它由状态变量、速率变量、辅助变量三大主要部件耦合组成。所谓耦合组成就是指以一系列的微分方程为基础，描述的是系统状态变量的变化速率对本身的依存关系。在实际应用过程中则是通过 DYNAMO（Dynamic Model）语言的编程规则，建立相关方程从而实现系统的动态功能、行为模拟等。现将 SD 中主要变量、因果反馈环、建模过程逐一进行介绍。

（1）状态变量（Level，L）。

状态变量又称作存量，它是系统内部流堆积的量，类似于流体流动的积累过程，具有累积效应，用来描述系统内部状态的，对应于数学中的积分。简单地理解就是，在某个时间间隔内变动的量在初始时间和末时间流速差的积。在 SD 模型中用矩形框（☐）表示。用数学描述如下：

假定时间间隔为 DT，初始时间的流速（又称流入流速）为 R_1，末时间流速为 R_2，状态变量为 L，且 L 的初始值为 L_0，则在 DT 内的增量为 ΔL，那么它的状态变量 L 的方程式可表示为式（2-1）：

$$L = L_0 + \Delta L \qquad (2-1)$$

其中，$\Delta L = DT(R_1 - R_2)$。

在 DYNAMO 计算机语言中，使用 J、K、L 分别表示前一时刻、现在时刻、未来时刻，可对状态方程描述为式（2-2）：

$$L\,L.k = L.J + DT \times (R_1.JK - R_2JK) \qquad (2-2)$$

其中，L 为状态变量；$L.k$ 为 k 时刻的值；$L.J$ 为 k 时刻的前一时刻 J 的存量；DT 为求解中的时间步长；$R_1.JK$ 为 JK 区间的流入速率；R_2JK 为 JK 区间的流出速率。

其实状态方程的求解过程的实质就是积分运算，当在求解过程中将时间步长划分很小的时候，它就相当于表达式（2-3）：

$$L = L_0 + \int_0^t (R_1 - R_2)dt \qquad (2-3)$$

（2）速率变量（Rate，R）。

速率变量是用来表示状态变量在单位时间内变化快慢的变量，它在系统中起到控制作用。设状态变量为 L，状态变量的初始值为 C，则在 KL 时间段内的速率变量方程可利用数学表达式表示为式（2-4）：

$$R.KL = f(L.K.C) \tag{2-4}$$

从状态变量与速率变量的数学本质来看，状态变量就是积分，速率变量就是状态变量的导数。

（3）辅助变量（Auxiliary，A）。

辅助变量又称中间变量，它是连接各种可能的关系。在现实研究中，影响速率变量的因素不仅有很多，而且很复杂。在一个系统中，如果通过一个表达式来确定速率变量方程往往很难，用一个方程来表示速率变量不利于分析系统各变量对系统的影响。为了简化复杂的速率方程的数学 / 逻辑关系，往往一个速率方程被分解成几个独立方程表达，这样就需要借助辅助变量。需要说明的是常量是辅助变量的一个特例，是不随时间的推移而变化的一个数。

在系统模型中，除了上述状态变量、速率变量、辅助变量三大主要部件以外，还有常量、表函数等许多概念在此不做叙述。

2. 因果反馈环

SD 模型的基础是因果关系，是系统分析的重点，是系统内部各要素之间以及系统与环境之间存在的固有的逻辑关系（周德群等，2010），通常是用反馈来表示。所谓反馈就是系统中一个因素经过一系列的因果链的作用，最后再反过来影响自身的过程。在建模中用箭头线（又称因果关系键）表示元素之间的作用，当两个以上的因果关系键首尾串联起来而形成封闭的环就是因果反馈环［见图 2-1（a）］。它是用于在模型中表示变量之间的因果逻辑关系的一种方法。SD 模型中存在的因果关系只有正和负两种，分别在因果键上用 "+" 和 "–" 来表示，这就有了正键和负键之分，因此在因果反馈环中必然存在正反馈环和负反馈环之分。如图 2-1（b）所示，当变量 A 增加会导致变量 B 的增加，而变量 B 的增加又会导致变量 C 的减少，变量 C 的减少使 A 随之减少（C 与 A 为同向变化，是正反馈），即因果反馈环中当 A 增加最终会引起自身的增加，所以该环为正反馈环；反之亦然，如图 2-1（c）所示。

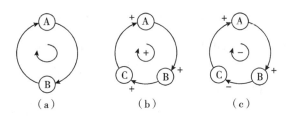

图 2-1　SD 反馈环

正反馈环是自我加强作用的，它能使系统逐渐脱离初始状态产生发散现象；负反馈环是起自我调节的作用。一般情况下，在一个系统中，负反馈强于正反馈，系统就会逐渐趋于稳定，反之就会呈现增长或者衰退的过程。就系统整体而言，不可能一直是增长状态，也不可能一直是稳定状态，而是"稳定"与"增长"之间不断相互转化。比如崩塌灾害风险，它不大可能一直保持着稳定状态，而是随着时间的推移在不断变化，如受强降雨天气等环境影响下的灾害风险就会升高。

综上所述，在一个系统中，一般情况下状态变量 $L(t)$ 为 n 维向量，SD 最终是要解决状态变量随时间的推移而变化的规律，如式（2-5）所示：

$$\begin{cases} L' = F(L_{(t)}, p) \\ L_{(t_1)} = L_1 \end{cases} \tag{2-5}$$

式（2-5）中，L' 为 n 维状态变量 L 对时间的微分，F 为 n 维函数向量，p 为 m 维函数向量，L_1 为 L 的初值。

事实上，SD 的状态方程是以差分方程组的形式出现的，即式（2-6）：

$$\begin{cases} L(t) = L(t - dt) + F(X(t), p)dt \\ L(t_1) = L_1 \end{cases} \tag{2-6}$$

可以看出，由于差分方程组使 SD 对处理非线性、高阶次、多重反馈复杂系统的行为具有独特的优势（宋润朋，2009）。

3. SD 建模过程

利用 SD 解决问题的步骤一般分为：明确动态系统目标与待解决的问题、因果关系分析、建立系统动力学模型、计算机仿真和结果分析（胡玉奎，1984）。

（1）明确动态系统目标与待解决的问题。这是系统研究过程中的第一项基本工作，这个过程首要任务是对待研系统的期望状态有个大致的认识，结合待研究对象的相关基础理论确定所需要的数据资料。对本书来说，研究对象是我国东北寒区崩塌地质灾害，研究的目标是对所选区域内的崩塌地质的风险进行评估，那么首先就要对崩塌地质灾害风险的基本概念、时空演化及其驱动机制有种认识，比如在雨季的风险时空变化是什么样的。其次要参考前人的相关研究成果，确定研究崩塌灾害风险所需的资料，在收集资料后，要针对本区域的孕灾环境、主控因子等展开研究，从而确定诱发崩塌灾害的主要因素，在此基础上要确定系统边界，同时要确定系统有关参数，从而建立系统模型。

（2）因果关系分析。因果关系是构成系统动力学问题的关键，任何因果逻辑关系模型都是由诸多因果链组成的。换句话说，任何复杂的系统都是由内生变量以及变量之间的关系构造而成的。针对本书的研究，需要在第一步的基础上研究各变量之间的关系并通过因果链相连，同时定义变量（包括常量），确定变量的种类及主要变量，绘制因果回路图，并找出最佳作用点的变量。比如，本次利用 DEA 确定降雨是研究区域的主导因子，那么就应严格把握该项指标，从降雨入手展开因果关系分析等。

（3）建立系统动力学模型。在构思出因果回路图基础上，利用流图的形式将模型表示出来，并建立相应的动力学方程。其主要的工作内容是，将因果回路图中各参数量进行合并和整合；然后建立状态方程（L）、速率方程（R）、辅助方程（A）、常量（C）和初值（N）等。

（4）计算机仿真。将建立好的 SD 模型在计算机上运行和分析，在此过程中要不断地对模型进行有效性分析和模拟。按照发现问题—修正模型—模拟—发现问题—修正模型，反复对模型进行验证，直至与实际相符，要保证不能有逻辑上的不通。

（5）结果分析。利用所建立好的模型对崩塌地质灾害风险进行仿真和数据分析。

三、数学模型与方法

（一）ARIMA 模型

ARIMA（Autoregressive Integrated Moving Average）模型全称为自回归移动平均模型，是 BOX 和 Jenkins 在 20 世纪 70 年代提出的一种以随机理论为基础的时间序列预测的方法，又称为 BOX-Jenkins 模型，它是利用历史数据预测未来的情况。该模型不仅考虑了预测变量的历史值和现在值，同时将历史值拟合产生的误差也作为重要因素纳入模型（殷春武，2011），所以它是一种用于短期预测且精度比较高的一种模型，被广泛地应用于人口、经济预测当中（石美娟，2005；张媛媛，2022；陈蕾，2022）。

Box 和 Jenkins 提出的基于时间序列分析方法，其基本模型有自回归（AR）模型、移动平均（MA）模型以及自回归移动平均（ARIMA）模型，其中 AR 和 MA 模型实际上是 ARIMA 模型的特例（石美娟，2005）。AR 模型是用于描述当前值与历史值之间的关系，是用变量自身的历史时间数据对自身进行预测，该模型对原始的时间序列要求必须是平稳的，但是大多数时间序列数据并非平稳，所以要对原始数据进行差分处理，处理后的数据要达到均值和方差不发生明显的变化，当自相关系数不小于 0.5 时可以采用 AR 模型进行预测，其计算方法如式（2-7）所示：

$$y_t = u + \sum_{i=1}^{p} \gamma_i y_{t-i} + \varepsilon_t \qquad (2-7)$$

式（2-7）中，y_t 是指当前值，u 是常数项，p 是介数，γ_i 是自相关数，ε_t 是误差。

MA 模型关注的是 AR 模型的误差项，可有效地消除预测中的随机波动，计算方法如式（2-8）所示：

$$y_t = u + \sum_{i=1}^{q} \theta_i \varepsilon_{t-i} + \varepsilon_t \qquad (2-8)$$

式（2-8）中，y_t 是指当前值，u 是常数项，q 指介数，θ_i 指与误差相组合的相关系数，ε_t 指误差。

将 AR 模型与 MA 模型进行组合就是 ARMA 模型，其公式如式（2-9）所示。

$$y_t = u + \sum_{i=1}^{p} \gamma_i y_{t-i} + \varepsilon_t + \sum_{i=1}^{q} \theta_i \varepsilon_{t-i} \qquad (2-9)$$

式（2-9）中的各项含义同式（2-7）和式（2-8），其中 p 为 AR 模型的介数，q 为 MA 模型的介数。

ARIMA（p, d, q）模型的实质是对原始非平稳数据做 d 次差分运算，从而得到新的平稳数据序列，再将新的序列进行拟合后将原 d 次差分数据进行还原，得到预测数据（范继光，2014）。很显然，就是将非平稳时间序列转化为平稳时间序列，再将因变量仅对它的滞后值以及随机误差项和滞后值进行回归并建立模型。ARIMA 模型中的介数 p 由偏自相关函数（PACF）来确定，介数 q 由自相关函数（ACF）来确定。其计算流程如图 2-2 所示。

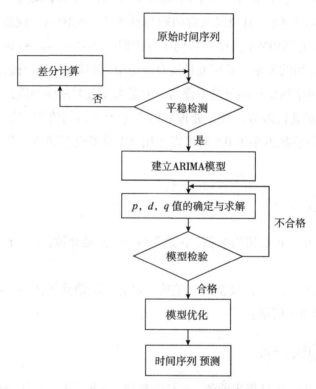

图 2-2　ARIMA 模型计算流程

（二）DEA 模型

DEA 模型是以"相对效率"概念为基础，根据多指标输入和多指标输出对相同的一类事进行相对有效性和效益评价的方法。其是对一组给定单元，选定一组输入、输出的评价指标，求得特定决策单元（Decision Making Units，DMU）的有效性（杜栋等，2008），这种有效性又称"贡献率"。DEA 模型的优点在于排除了人为主观因素的干扰，具有很强的客观性，特别适用于多输入—多输出的复杂系统分析和研究。

在本书研究过程中，将崩塌地质灾害看作一个系统，那么就可以将这个系统看成一个单元在某一可能的范围内，通过选定一组输入指标，并同时产出一组输出指标，求取这个单元的有效性系数，以此结果来评价该单元是否有效。假设可以将这个系统单元定义为 DMU，那么每一个单元都有一组输入和输出的统计指标数据，将求得的有效性系数作为每个 DMU 综合效率的数量指标。通过数学形式进行描述如下：

设区域内崩塌地质灾害系统有 n 个 DMU_j（$j=1$，2，3，$\cdots$，n）（本次是指 n 个指标评价单元），任一 DMU_j 都有 m 种输入和 S 种输出，输入向量为 $X=(x_{1j}$，x_{2j}，$\cdots$，$x_{mj})^T$，输出向量为 $Y=(y_{1j}$，y_{2j}，$\cdots$，$y_{sj})^T$，则模型如式（2-10）所示：

$$\begin{cases} \min \theta \\ \text{s. t.} \sum_{j=1}^{n} X_j \lambda_j + S^+ = \theta X_0 \\ \sum_{j=1}^{n} Y_j \lambda_j + S^- = Y_0 \\ \lambda_j \geq 0, S^+ \geq 0, S^- \geq 0 (j=1, 2, 3, \cdots, n) \end{cases} \quad (2\text{-}10)$$

式（2-10）中，θ 为本次评价值，X_j 为崩塌地质灾害输入指标，Y_j 为输出指标，λ_j 为变量系数，S^-、S^+ 分别为投入和产出的松弛变量。评估中，当 $\theta=1$ 时，说明 DMU 决策单元对应的指标达到最佳效率，即认为该指标有效。

（三）ANN-CA 模型

1. 元胞自动机（Cellular Automata，CA）

元胞自动机是一种时间、空间、状态都离散，空间相互作用和时间因果关系为局部的网格动力学模型，具有模拟复杂系统时空演化过程的能力。它是物理参量只取有限数集的物理系统的理想化模型（肖帕德·德罗斯，2003）。标准的元胞自动机用数学表示如式（2-11）所示：

$$A = (Z_n, S, N, f) \quad (2\text{-}11)$$

式（2-11）中，A 表示一个元胞自动机系统，Z_n 为 n 维欧氏空间，n 为元胞空间的维数，S 是有限离散状态集合，$S=\{S_1, S_2, S_3, \cdots, S_i, \cdots, S_k\}$，$S_i$ 表示元胞自动机的第 i 个状态；N 为中心元胞的邻域，是 Z_n 有限的序列子集，$N=(x_1, x_2, \cdots, x_i, \cdots, x_n)$，$x_i$ 为相邻元胞相对于中心元胞的位置。f 为 t 时刻 S 到 $t+1$ 时刻 S 的演化规则。CA 结构如图 2-3 所示。

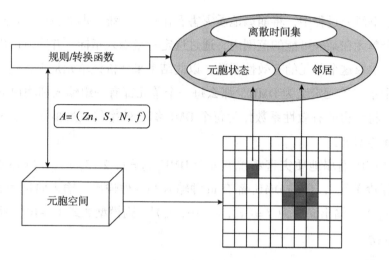

图 2-3　CA 结构

资料来源：周成虎等（1999）。

本次首先将每个元胞代表它所处的边坡的破碎情况，根据遥感影像提取边坡区域铁染异常值，结合野外验证，获取边坡岩体破碎程度与铁染异常之间的关系；其次将元胞的状态划分为完整、较破碎、破碎和极破碎四种状态，分别用数字 0、1、2、3 表示。由于区域内边坡所处的环境复杂，因此元胞自动机邻域类型选择 Moore 型，以此邻域作为演化规则的作用范围，以遥感影像元大小作为每个元胞的大小。

元胞自动机模型最核心之处在确定转换规则，它决定了元胞转换的方式，但是地学本就是一个复杂的系统，很难通过数学表达式建立其规则。人工神经网络（Artificial Neural Network，ANN）能自动获取 CA 模型的规则，能有效地处理噪声、冗余或不完整的数据，特别适用于处理非线性或无法用数学描述的复杂地学系统（黎夏等，2007），所以将其引入。

2. 人工神经网络（ANN）

神经网络是一种模仿生物神经网络结构和功能的非线性数学模型。它是由大量节点和节点之间的连接组成的。这些节点称为神经元，神经元是大脑中的细胞。在构建神经网络时，就是要创建能模拟大脑的机器，从而实现人工智能，其结构如图 2-4 所示，每个神经元包含一个或多个树突。树突是神经元的输入神经，它们会从其他神经元接收信息。此外，每个神经元还包含一个轴突，这是神经元的输出神经，用于向其他神经元传递信息。神经元工作时有兴奋和抑制两种状态。通常，它们处于抑制状态，当树突的输入信号达到一定水平时，神经元从抑制变为兴奋，轴突就向其他神经元发送信号。基于这一原理，神经元可以被视为大脑的计算单元，由神经元组成的神经网络可以被看作是模拟大脑的模型。神经元分为输入层、隐藏层和输出层。神经网络通过输入层接收原始特征信息，然后通过隐藏层处理和提取特征信息，并通过输出层输出结果，结合 CA，建立了应用模型。

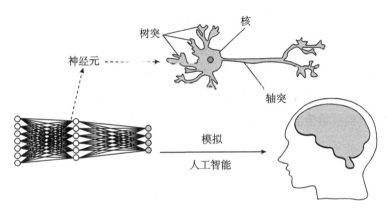

图 2-4　神经网络原理及结构

3. ANN-CA 建模及其实现方法

根据相关文献（赵金涛等，2021；张芳等，2013；Littidej et al.，2022），首先，选择了影响边坡稳定性的指标，并按公式（2-12）进行归一化处理。序列为 $X=(X_1, X_2, X_3, \cdots, X_i)$，假设它们对应的权重为 $W=(W_1, W_2, W_3, \cdots, W_i)$，并将它们与当前神经元连接以实现传输信息的目的。

$$Y=(X-X_{\min})/(X_{\max}-X_{\min}) \tag{2-12}$$

式（2-12）中，Y 表示归一化数据，X 表示原始数据，$X_{\max}$ 和 $X_{\min}$ 分别表示原始栅格数据层的最大值和最小值，归一化数据层的值间隔为 $[0，1]$。又假设单元 k 在模拟时间 t 形成的集合的表达式可以表示为式（2-13），其中 T 为转置。

$$X(k, t)=[x_1(k, t), x_2(k, t), x_3(k, t), \cdots, x_i(k, t)]^T \tag{2-13}$$

其次，隐藏层将接收到的序列乘以相应的权重 W 并对其进行求和，使当前第 j 个神经元接收到的信号可以记录为式（2-14）。

$$net_j(k,t)=\sum_j w_{j,i}X(k,t) \tag{2-14}$$

最后，通过隐藏层激活输入信号，最终获得神经元的输出。输出层值的转换概率如式（2-15）所示。

$$P(k,t,l) = (1 + (-\ln\gamma)^{\alpha}) \times \sum_j w_{j,l} \frac{1}{1 + e^{-net_j(k,t)}} \qquad (2-15)$$

式（2-15）中，$1 + (-\ln\gamma)^{\alpha}$ 表示随机扰动因子，γ 是 $[0, 1]$ 的随机值，α 是随机控制扰动，表示岩体演化过程中随机因素引起的不确定性，本书将其设置在 $[1, 10]$。$\frac{1}{1 + e^{-net_j(k,t)}}$ 是隐藏层的响应值。

上述三个步骤没有进行纠错，因此很难一次性达到预期，所以需要对模型进行训练。在这个过程中，神经网络将输出与实际输出进行比较以消除误差，这意味着预测结果的方向和幅度需要进行调整，就是通过神经网络反向传播，进行多次训练调整权重，直到权重值能够适合模拟（见图2-5），从而达到研究所需要的目的。

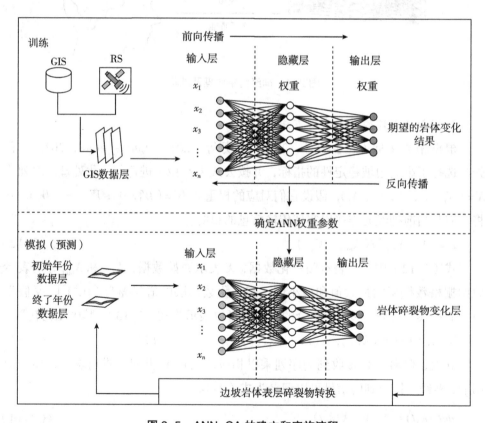

图 2-5 ANN-CA 的建立和实施流程

为了更好地理解 ANN–CA 的实施过程，此处补充计算机执行过程。第一步，将影响岩体结构类型变化的各个因素的数据层和当前岩体结构栅格层作为输入数据，然后设置数据的采样率、摩尔邻域等。第二步，对 ANN 参数进行设置，包括学习率、训练和验证数据的比例、隐藏层中的单元数、迭代次数等。第三步，进入模拟数据的设置，将开始和结束时岩体结构的变化作为模拟总量，当达到该值时，程序终止。在程序中，总转换量和迭代次数的商作为每次迭代的单元数，并且每次迭代的单元格由程序随机选择。如果可以转换，则转换次数增加 1。当达到迭代次数时，执行下一次迭代，最后检查精度。如果精度不满足，则调整训练参数，直到满足要求。第四步，设置转换矩阵、干扰系数、转换阈值等，对上述四步过程反复进行相关模型参数的调整，直到满足目标所需为止。

（四）信息量模型

信息量法是由信息论发展起来的一种统计预测评价方法，也是我国第一次自然灾害风险普查《技术要求》所推荐能用于地质灾害风险评价的方法之一。它是通过计算各指标对研究区致灾因子的贡献量，该值客观上代表了此区间对地质灾害发生的贡献率。一般是根据研究目的或目标，需要选择好致灾因子的评价指标，然后在 ArcGIS 软件中将计算所得的各指标信息量值进行叠加运算，即得相关研究的总信息量层。

现实中，由于每一评价单元受众多因素的综合影响，各因素又存在若干状态，各状态因素组合条件下地质灾害发生的总信息量一般采用式（2–16）进行计算（田春阳等，2020；李信等，2022），也有对该式进行加权运算（李玉文等，2021）的。

$$I = \sum_{i=1}^{n} \ln \frac{N_i / N}{S_i / S} \tag{2–16}$$

式（2–16）中，I 表示某特定单元地质灾害发生的总信息量，用于表示地质灾害发生的可能性。当 $I > 0$ 时，表示地质灾害可能性大；$I < 0$ 时，表示指标因子不利于地质灾害的发生；当 $I = 0$ 时，表示该项指标不提供任何信息。N_i 表示对应特定因素在第 i 状态（或区间）条件下的地质灾害面积或地质灾害点数；S_i 表示对应特定因素在第 i 状态（或区间）的分布面积；N 表示调查区地质灾害总面积或地质灾害点总数；S 表示调查区总面积。

（五）灰色模型

参考相关文献（杜栋等，2008），设有 m 个评价对象（本次中每个格网为一个评价对象），每个评价对象有 n 个评价指标，则第 i 个评价对象的第 j 个指标可表示为 Y_{ij}（ $i=1, 2, 3, \cdots, m$; $j=1, 2, 3, \cdots, n$ ）。

1. 确定参考序列

假设参考指标集可以表示为 Y_{0j}（ $j=1, 2, \cdots, n$ ）。

2. 构造原始矩阵

假设最优指标集已经确定，可以将最优指标集和评价对象的指标构成原始矩阵 Y，如式（2-17）所示。

$$Y = \begin{bmatrix} y_{01} & y_{02} & \cdots & y_{0n} \\ y_{11} & y_{12} & \cdots & y_{1n} \\ \vdots & \vdots & \ddots & \vdots \\ y_{m1} & y_{m2} & \cdots & y_{mn} \end{bmatrix} \tag{2-17}$$

3. 指标值的规一化处理

选择数据标准化法对指标进行无量纲化处理。设原始矩阵 Y 通过无量纲化后得到矩阵 C，则矩阵 C 可以用式（2-18）表示。

$$C = \begin{bmatrix} C_1^* & C_2^* & \cdots & C_n^* \\ C_1^1 & C_2^1 & \cdots & C_n^1 \\ \vdots & \vdots & \ddots & \vdots \\ C_1^m & C_1^m & \cdots & C_n^m \end{bmatrix} \tag{2-18}$$

4. 计算关联系数与关联度

假设评价指标数据已无量纲化，得矩阵 C，根据灰色系统理论，将 $\{C^*\} = [C_1^*, C_2^*, C_3^*, \cdots, C_n^*]$ 作为参考数列，将 $\{C\} = [C_1^i, C_2^i, C_3^i, \cdots, C_n^i]$ 作为被比较数列，用关联分析法分别求得第 i 个方案第 k 个指标与最优指标的关联系数 $\xi_i(k)$，计算方法如式（2-19）所示：

$$\xi_i(k) = \frac{\min\limits_i \min\limits_k \left| C_k^* - C_k^i \right| + p \max\limits_i \max\limits_k \left| C_k^* - C_k^i \right|}{\left| C_k^* - C_k^i \right| + p \max\limits_i \max\limits_k \left| C_k^* - C_k^i \right|} \tag{2-19}$$

式（2-19）中，$p \in [0, 1]$，本次取 0.5。

5. 综合评判

由 $\xi_i(k)$ 得矩阵 E，这样，评判结果可以由关联度 R 表示，即 $R = E \times W$，即可得式（2-20）。

$$R_i = \sum_{k=1}^{n} W(k) \times \xi_i(k) \qquad (2-20)$$

式（2-20）中，R 为 i 个评价对象的综合评判结果向量；W 为 k 个评价指标的权重分配向量，本次选择 AHP 法对各指标进行权重分配。若求得的关联度 R_i 越大，则说明 $\{C_i\}$ 与最优指标 $\{C^*\}$ 越接近，即第 i 个方案优于其他方案，据此可以排出各方案的优劣次序并予以分级。

（六）AHP 模型

AIIP（Analytic Hierarchy Process）模型是按照特定的条件将目标划分为不同属性的各个组成要素，然后根据各要素之间的隶属关系，将各要素分解成不同的层次，同一层次的因素受到上层因素的约束、同时也对下层因素起到支配作用，从而形成了自上而下的递阶层次。根据杜栋等（2008）的研究，层次从高到低分为最高层、中间层和最底层。最高层（又称目标层）是分析工作的目标，中间层（又称准则层）是用于衡量是否达到目标的各种准则，最底层（又称指标层），包括为实现目标选择的各种决策方案和措施等，即所选的具体指标。

实现 AHP 的主要过程可以分为构建层次判别矩阵、计算指标权重以及一致性检验（杜栋等，2008）。

1. 构建层次判别矩阵

为了修正人对客观现实世界认识的片面性所造成的偏差，AHP 引入了判断矩阵，即对同一层次的要素的相对重要性进行两两比较，并将比较的结果用数值的形式表示出来，得到该层次的判断矩阵 B，如式（2-21）所示：

$$B = (b_{ij})_{m \times n}, b_{ij} > 0, b_{ij} = \frac{1}{b_{ij}} (i, j = 1, 2, 3, \cdots, n) \qquad (2-21)$$

元素间相对重要性一般采用美国运筹学家萨蒂的 1~4 标度方法进行打分，不同重要程度分别赋予不同的数值，这个值就是 b_{ij}，它是指元素 b_i 相对元素 b_j 的相对重要性值。判断矩阵的标度和含义如表 2-7 所示。

表 2-7 判断矩阵的标度和含义

标度	含义
1	i、j 两元素相同重要

续表

标度	含义
2	i 元素与 j 元素稍微重要一些
3	元素 i 与元素 j 比较重要
4	元素 i 与元素 j 非常重要

2. 计算指标权重

判断矩阵的最大特征向量，即为指标的权重向量。采用求和法计算权重时按以下三个步骤计算判断矩阵的最大特征根和它所对应的特征向量：

首先，将判断矩阵 B 的每一列，根据公式（2-22），按列归一化，得到矩阵 $\overline{b_{ij}}$：

$$\overline{b_{ij}} = \frac{b_{ij}}{\sum_{i=1}^{n} b_{ij}} \quad (i=1, 2, 3, \cdots, n) \tag{2-22}$$

其次，将按列归一化得到的矩阵 $\overline{b_{ij}}$，再按行求和，如式（2-23）所示：

$$\overline{w_i} = \sum_{j=1}^{n} \overline{b_{ij}} \quad (i=1, 2, 3, \cdots, n) \tag{2-23}$$

最后，将式（2-23）得到的 $\overline{w_{ij}} = \left[\overline{w_1}, \overline{w_2}, \cdots, \overline{w_n}\right]$ 矩阵，按式（2-24）进行归一化处理。

$$w_i = \frac{\overline{w_i}}{\sum_{i}^{n} \overline{w_i}} \quad (i=1, 2, 3, \cdots, n) \tag{2-24}$$

得到 $w = (w_1, w_2, \cdots, w_n)^T$，$w$ 为特征向量的近似值，即各指标的权重的近似值。得出特征向量的近似值之后，计算矩阵的最大特征值 λ_{max}，如式（2-25）所示：

$$\lambda_{max} = \sum_{i=1}^{n} \frac{[BW]_i}{nw_i} \tag{2-25}$$

式（2-25）中，$[BW]_i$ 为 BW 的第 i 个分量。

3. 一致性检验

理论上，决策人对 n 个决策对象的比较具有逻辑的绝对一致性，因此不会出现任何误差。即 $b_{ij} \times b_{jk} = b_{ik}$。然而，由于人类思维难免带有主观性和片面性，因此评价过程中会产生偏差，即出现 $b_{ij} \times b_{jk} \neq b_{ik}$。须对矩阵 B 进行一致性检验。其检验方法为：用矩阵的随机一致性比率 C.R. 值来检验判断矩阵的一致性。计算一致性指标 CI，如式（2-26）所示，用 CI 来衡量矩阵 B 的不一致程度。

$$CI = \frac{\lambda_{\max} - n}{n-1} \qquad (2-26)$$

为了量度不一致性，须使用平均随机一致性指标 RI，采用萨蒂算法时，对于各阶判断矩阵对应的 RI 值如表 2-8 所示。

表 2-8　平均随机一致性指标值

矩阵阶数	1	2	3	4	5	6	7	8	9
RI	0.00	0.00	0.58	0.90	1.12	1.24	1.32	1.41	1.45

确定 RI 的取值之后，按式（2-27）计算矩阵的随机一致性比率 CR。

$$CR = \frac{CI}{RI} \qquad (2-27)$$

当 $CR < 0.1$ 时，认为判断矩阵具有满意的一致性，即有效矩阵；反之，就需要重新打分，直到通过一致性检验为止。

（七）主成分分析法

赵英时（2003）指出主成分分析法是一种去除波段之间多余信息，将多波段的图像信息压缩到比原波段更有效的少数几个转换波段的方法。一般情况下，第一主成分（PC1）包含所有波段中 80% 的方差信息，前三个主成分包含了所有波段中 95% 以上的信息量。

在实际应用中，这些主成分是对原始数据进行线性变换获得的，即首先计算各波段之间的协方差矩阵，其次求出协方差矩阵的特征值和特征向量。如果有多个波段图像，用 λp 代表第 p 波段特征值（$p = 1, 2, \cdots, n$），则各主成分中所包含的原数据总方差的百分比 $\%p$，可以用式（2-28）表示：

$$\%p = \frac{\lambda p \times 100}{\sum_{i=1}^{n} \lambda_p} \tag{2-28}$$

用 α_{kp} 代表第 k 波段和第 p 波段主成分之间的特征向量，则第 k 波段和第 p 波段主成分之间的相关系数 R_{kp} 可以用式（2-29）表示：

$$R_{kp} = \frac{\alpha_{kp} \times \sqrt{\lambda_p}}{\sqrt{V_{ark}}} \tag{2-29}$$

式（2-29）中，V_{ark} 为第 k 波段的方差。各波段和第一主成分（PC1）的相关系数较高，和后面的主成分的相关系数则逐渐变小，一般 PC1、PC2、PC3 就包含了 95% 以上的信息，而后面的主成分几乎多数是噪声，无法提供有用的信息。

综上所述，即根据研究需要，选择能反映研究对象波谱信息的几个波段，在这几个波段中重新组合一组全新且无关的综合波段，然后选取信息量最大的波段影像对研究对象进行分析，这就是主成分分析。

四、数据来源

本书中的人口数据来源于聚汇数据网（https://population.gotohui.com）和农业专业知识服务网（http://www.pwsannong.com），这两种数据网提供了详细的全国各地的 GDP、人口、工资、收入、城建、卫生、教育等多项历年数据；从地理空间数据云（https://www.gscloud.cn）下载了不同时间序列且云量为 2% 以内的 Landsat8 遥感影像；从政府相关职能部门收集了高分遥感影像、1∶10000 地形图、土地利用数据库、气象数据库、区域地质图、公路交通图、行政区图以及 1∶50000 地质灾害调查成果数据等，将其基础数据的来源进行整理，如表 2-9 所示。

表 2-9　基础数据来源信息

序号	数据名称	来源途径
1	人口	聚汇数据网、农业专业知识服务网
2	Landsat8 遥感影像	地理空间数据云

序号	数据名称	来源途径
3	1∶10000 地形图	
4	土地利用数据库	
5	气象数据	政府相关机构
6	区域地质图	
7	公路交通图	
8	1∶50000 地质灾害数据库	

本章小结

本章主要介绍了长白县域基本概况，包括地理位置、气象条件、水文条件、地形地貌、植被状况、经济状况等，从感性层面对长白县全域有了一个基本的认识。同时介绍了自然灾害风险构成"四要素"和 SD 基本理论及其方法。对本书后续研究过程中所涉及的相关模型做了统一介绍，如 ARIMA 模型、DEA 模型、ANN-CA 模型、信息量模型、灰色模型、AHP 模型、主成分分析法，并对本书涉及的重要数据来源做了具体的列举和说明。

第三章 区域崩塌地质灾害特征与规律研究

针对不同区域的崩塌地质灾害，因所处的环境条件不一样，造成灾发的程度也不一样，所以需要对本区孕灾环境、易发性、指标因子分异性、边坡稳定性进行研究，从而为系统边界的确定、因果回路图和模型的建立做好铺垫。

一、崩塌灾害点遥感解译及其属性获取

（一）数据预处理

首先，在 ENVI 软件中对遥感影像进行预处理工作，工作内容主要包括几何校正、拼接、同时将高分辨率与低分别率影像融合、裁剪等。其次，在 ArcGIS 软件中加载 DEM 数据，分别提取坡度和坡向等需要的信息数据。

（二）崩塌灾害遥感解译标志

遥感影像的解译标志（又称判读标志），指能够反映所研究目标地物信息的影像各种特征，有直接和间接解译标志之分。崩塌地质灾害要素直接解译标志是指能够直接反映和表现灾害点在遥感图像上的大小、形状、色调、纹理等影像特征；其间接解译标志是指能够间接反映和表现它的遥感影像各种特征，主要是以地形、交通道路等辅助数据获取解译目标的位置及其空间组合特征；也有通过不同时像的遥感影像做对比，分析边坡的变化情况，以进一步地弄清楚或提取不易在影像上直接获取的图斑信息。

在崩塌灾害点遥感解译之前，需要根据已收集到的数据信息资料，清晰区域内崩塌灾害发育特征。一般来说，它主要发育在陡峭的边坡上，灾体表面植被覆盖较少，基岩裸露，在遥感影像上呈浅色调；因此崩塌体与环境中其他地物的影像特征存在明显的差异性，规模较大的灾体在高分影像上可以直接通过肉眼获取。

崩塌在崩落过程中受重力控制，与坡度和坡向、岩性等许多因素存在关系，因此崩塌的地学遥感解释机理需要综合地进行考虑，对复杂地段不能仅仅通过光学，地形、形状，边缘等特征单一地进行区分，其详细解译标志如表3-1所示。

表3-1　崩塌地质灾害解译标志

解译标志	主要地貌	影像特征
影像的几何形态、色调、纹理、地形、植被、人类工程活动、地质条件	边坡陡坡	几何形态：锥状、花瓣状，且大小不一 色调：崩塌体后壁在全色影像上呈浅色或白色色调，趋于稳定的崩塌壁色调呈灰至暗色调，假彩影像上呈现红色调 纹理特征：表面凹凸不平、粗糙，颗粒感强 地形：坡度陡，本次按大于40°计 植被：岩体裸露，一般少或无植被覆盖 人类工程活动：一般位于道路或者河流旁的陡坡上，也有位于矿区陡坡、山谷中山体的陡坡上 地质条件：常位于活动构造或者地震区、高山区

（三）崩塌灾点提取流程

一般来说，崩塌体无植被或少植被覆盖，因此本书对崩塌灾害在遥感影像上表现出来的特征选择了植被指数和土壤亮度指数作为遥感本底值。鉴于传统的NDVI对土壤背景的变化比较敏感（陈述彭、赵英时，1990），为了消除土壤背景值的干扰，选用 I_{MSAVI}，计算如式（3-1）所示（Qi et al., 1994）。

$$I_{MSAVI} = \frac{(2NIR+1) - \sqrt{(2NIR+1)^2 - 8(NIR-RED)}}{2} \tag{3-1}$$

式（3-1）中，NIR 指的是近红外波段，RED 是指红外波段。

一般情况下，崩塌体边坡由于植被受到严重的破坏，基岩和土体裸露，即该处的土壤反射率较其他地物的要高，因此选用土壤亮度指数作为崩塌点的遥感解译本底值比较合理，本书选用土壤亮度指数 NDSI 计算如式（3-2）所示（杨树文，2013）：

$$I_{NDSI} = (Red - Green)/(Red + Green) \tag{3-2}$$

式（3-2）中，Red 为红波段的亮度值，Green 为绿波段的亮度值。

在 ENVI 软件中建立决策树模型，将上述本底值做第一次过滤，提取可疑地块；然后考虑崩塌点一般发生在陡峭的斜坡上，所以选择坡度阈值为大于40°，对其进行第二次过滤；再考虑形态滤波处理和面积筛选；顺坡性阈值设为 2.5 的地形指标，工作流程如图 3-1 所示。最后通过人工目视解译方式对成果做进一步的处理，比如补漏、排错等。

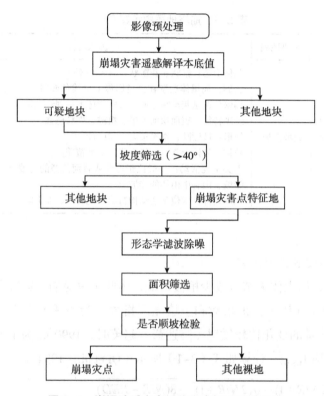

图 3-1　崩塌地质灾害遥感室内解译工作流程

（四）精度分析

对影像经过纠正以后，采集检查点对影像的正射校正精度进行评定，实际工作中采用中误差和控制点平面误差进行分析，其中 X、Y 及平面方向中误差为 6.833、6.111、6.715，最大误差分别为 10.751、11.312、10.667，满足解译比例尺精度要求。对分类 kappa 系数检验为 0.905。

通过野外验证，将室内所得的解译成果逐一进行野外验证，剔除非崩塌点以及补漏，确定崩塌灾点 86 处。在野外调查工作中对 S3K 段公路边坡所有崩塌灾害点进行实测，工作内容包括微地貌坡度、坡宽、坡长、坡高、岩体结构、堆积体体积、岩体结构、岩体裂隙深度、变形迹象、威胁财产等。通过走访询问等多种方式了解灾发时间，因篇幅所限，将部分实测调查成果汇制成表3-2。

表 3-2　S3K 段崩塌灾害实地调查部分属性

野外编号	经度	纬度	坡宽	坡长	厚度	坡度	岩体结构	岩体裂隙深度	堆积体积
S3k1	127°55'40.000"E	41°27'26.800"N	227	44	1	47	整体块状	1	3.5
S3k2	127°55'10.000"E	41°27'20.000"N	52	35	5	52	散体	0	22
S3k3	127°53'54.600"E	41°26'9.600"N	129	23	2.5	60	块裂	3	11
S3k4	127°53'9.600"E	41°26'39.800"N	179	15	1.5	81	块裂	2	12
S3k5	127°53'4.100"E	41°26'42.900"N	205	30	1.5	80	整体块状	2	10
S3k6	127°52'59.600"E	41°26'46.200"N	270	177	2	42	块裂	1	17
S3k7	127°52'48.200"E	41°26'48.400"N	107	37	2.5	73	块裂	1	12
S3k8	127°52'10.800"E	41°26'38.300"N	115	42	2.5	75	整体块状	2	15
S3k9	127°52'9.500"E	41°26'37.200"N	245	10	3	50	整体块状	3	9
S3k10	127°51'18.800"E	41°25'5.300"N	97	21	3	56	块裂	0	25
S3k11	127°51'12.600"E	41°25'9.000"N	151	18	1.5	46	块裂	2	11
S3k12	127°50'55.500"E	41°25'11.200"N	21	14	2	57	碎裂	2	30
S3k13	127°50'52.000"E	41°25'12.700"N	256	29	2	70	块裂	3	5
S3k14	127°50'26.800"E	41°25'16.400"N	212	17	2	63	散体		15

野外编号	经度	纬度	坡宽	坡长	厚度	坡度	岩体结构	岩体裂隙深度	堆积体积
S3k15	127° 48' 49.000" E	41° 25' 11.000" N	235	25	1.5	63	块裂	3	5
S3k16	127° 48' 39.000" E	41° 25' 16.000" N	94	14	2.5	61	块裂	3	3
S3k17	127° 48' 31.000" E	41° 25' 19.000" N	151	50	1.5	76	块裂	3	15
S3k18	127° 48' 4.500" E	41° 25' 23.400" N	17	17	0.5	74	整体块状	3	20
S3k19	127° 47' 58.500" E	41° 25' 23.500" N	169	8	2	70	块裂	3	14
S3k20	127° 46' 38.000" E	41° 25' 29.000" N	56	26	2.5	64	块裂	3	2.5
S3k21	127° 45' 46.000" E	41° 25' 23.000" N	40	10	3	56	散体	0	15
S3k22	127° 45' 1.900" E	41° 25' 34.100" N	79	20	1.5	77	整体块状	2	10
S3k23	127° 43' 17.000" E	41° 25' 20.500" N	100	31	7.5	66	块裂	2	5
S3k24	127° 43' 11.000" E	41° 25' 19.000" N	151	22	2.5	68	块裂	3	7
S3k25	127° 40' 40.700" E	41° 25' 21.100" N	130	31	2.3	63	块裂	3	5
S3k26	127° 48' 29.000" E	41° 25' 19.000" N	99	38	2	78	块裂	3	7
S3k27	127° 48' 23.000" E	41° 25' 22.000" N	233	23	1.5	68	碎裂	3	20
S3k28	127° 48' 10.100" E	41° 25' 23.600" N	258	40	1.5	70	整体块状	3	19
S3k29	127° 46' 49.000" E	41° 25' 27.000" N	74	22	74	69	块裂	3	3
S3k30	127° 46' 44.000" E	41° 25' 28.000" N	52	22	3	57	块裂	2	3

续表

野外编号	经度	纬度	坡宽	坡长	厚度	坡度	岩体结构	岩体裂隙深度	堆积体积
S3k31	127° 44' 52.000" E	41° 25' 33.000" N	252	6	2	76	整体块状	3	10
S3k32	127° 44' 35.000" E	41° 25' 32.000" N	79	13	2	78	块裂	3	10
S3k33	127° 44' 30.300" E	41° 25' 31.600" N	89	24	2.5	77	块裂	3	11
S3k34	127° 48' 56.000" E	41° 25' 3.000" N	203	31	1.5	60	块裂	2	17
S3k35	127° 49' 35.200" E	41° 24' 42.000" N	171	17	3	70	块裂	3	20
S3k36	127° 47' 16.700" E	41° 24' 41.200" N	351	10	2.5	56	块裂	2	10
S3k37	127° 47' 19.600" E	41° 24' 30.400" N	169	19	1.5	68	块裂	2	10

注：因国家涉密要求，表中坐标信息做了精度调整，仅做示意用表，除本书研究所需外，不做其他用途。

二、基于灰色关联法的孕灾环境研究

（一）评价单元的确定

地质灾害发育的严重程度受诸多因素的影响，在局部区域又表现出明显的差异性和复杂性，因此在对本区孕灾环境研究前首先需要考虑的就是评价单元。对评价单元的区划方法概括起来大致有三种，分别是规则单元格网、自然斜坡或地貌单元、行政单元（见表3-3）。

表3-3　各种评价单元介绍

评价单位	内容
规则单元格网	这种评价单元是许多研究人员常用的方法，一般为正方形，通过 GIS 软件可快速方便地实现。格网的空间尺度的大小可根据研究的要求进行设定。这种单元划分模式虽然可以进行空间分析，但是可能会破坏区域的整体性，从而影响分析结果。一般在研究过程或者结论分析中，要根据实际情况加以人为的处理，以便达到成果的合理性

评价单位	内容
自然斜坡或地貌单元	它是利用自然斜坡、地形地貌、地质单元和流域情况完成区域划分，是比较接近真实环境的一种划分单元方法，也是最佳的选择模式。虽然可以有效地避免破坏斜坡的整体性，但是划分自然斜坡评价单元的方式在很大程度上受人为主观意识的影响，目前还没有较为统一的方法，不太容易实现。如果对大面积区域进行划分，就会造成工作量的增加
行政单元	通常是用行政乡、村作为评价单元。在我国，对地质灾害的管理是以地方政府为单位进行的，这种方法很好地对灾点进行政府监测，能为地方政府防灾减灾相关政策的制定提供方便，但该方法未能考虑区域的现实环境条件，很难保证评价单元内部各影响因子的均一性和评价单元之间各影响因子的差异性，为研究的可靠性带来质疑

参照表 3-3 中各评价单元的特点，本书选取了规则单元格网作为孕灾环境研究的评价单元。

（二）孕灾环境评价指标

从自然属性来看，地形地貌因素为崩塌灾害提供了能量转换条件（任凯珍等，2011），决定了斜坡的应力和稳定性。岩土体及其风化产物是崩塌致灾因子的物质来源，断层、褶皱能使岩土体变得松散、裂隙发育从而形成了崩塌灾害的空间集聚；植被覆盖度控制着一定区域内的岩土体裸露程度，其根系对母体风化起到阻抗作用，对土壤具有保持性，从而不容易导致水土的流失。从诱发因素来看，主要有人类活动、气象因素等。比如，盲目和不科学的人类工程活动，如移动土石（或矿石）改变了岩土体的天然状态和赋存环境，在没有得到合理的工程治理情况下，从而使斜坡变形或产生破坏。气象因素主要包括晴雨变化、温差变化、干湿变化、气压变化等，是产生崩滑地质灾害的外动力因素，是促使灾发的重要条件（张玲等，2003；张友谊等，2007）。

如上文所述，地形地貌、人类活动强度、岩土体结构和地质构造、水文条件、植被条件、气象条件等是构成斜坡环境复杂程度的主要因素。由于人类对地质灾害的认知程度尚浅，综合反映一个区域崩塌孕灾环境的复杂程度还应考虑已发现或已发生的致灾因子，因为已发灾点较能说明孕灾环境的客观现实，假如某一区域没有灾害点，很有可能分析得出孕灾环境比较复杂的结论，会显得成果不理想，因此本书将格网内灾点的数量和灾点规模属性纳入。参考前人研究（林孝松等，2011；任凯珍等，2011；牛全福等，2017；乔彦肖等，2002；王存玉，

1997；郭芳芳等，2008），建立了评价指标体系如表 3-4 所示，选择灰色模型进行研究。

表 3-4 本区崩塌灾害孕灾环境评价指标

孕灾环境评价指标		地质灾害孕灾环境划分		
		很复杂	较复杂	不复杂
地形地貌	区域内平均坡度（°）	> 30	30~10	< 10
	区域内地形起伏度（m）	> 60	40~60	< 40
	坡向	阳坡	半阴坡	阴坡
人类活动强度	人类活动强度指数（HAI）	≥ 5	2.5 ≤ HAI < 5	< 2.5
区域致灾因子属性	格网内灾害点数量（处）	≥ 3	2	1
	格网内存在的灾害规模	大型	中型	小型
岩土体结构与地质构造	岩体结构类型	碎裂、散体结构	易风化破碎基岩	完整性较差基岩
	地质构造	区域性断裂带、有多组断裂、褶皱、裂隙发育	具有一般性断裂、褶皱、裂隙较发育	断裂、褶皱及裂隙不发育
水文条件	沟壑密度	密集	中等密集	不密集
植被状况	植被覆盖指数（MSAVI）	≤ 0.3	0.3 < NDVI ≤ 0.5	> 0.5
气象条件	降雨量	> 700	650~700	< 650

（三）孕灾环境评价

根据表 3-4 以及区内的地质灾害现实情况，确定参考序列。参考序列由最佳值组成，即本次将平均坡度（X_1）、地形起伏度（X_2）、坡向（X_3）、人类活动强度指数（X_4）、灾害点数量（X_5）、灾害规模（X_6）、岩土体结构类型（X_7）、地质构造（X_8）、沟壑密度（X_9）、植被覆盖指数（X_{10}）、降雨量（X_{11}）构成参考序列 $\{Y_0\}$ 为 $\{30, 60, 3, 5, 3, 3, 3, 3, 0.3, 0.85, 750\}$。

确定了参考序列以后，需对各指标因子的权重进行确定，权重值是否合理将会直接影响到评价结果。利用 AHP 法，将平均坡度、地形起伏度等上述 11 项指标分别划分成 5 个等级，通过选择工程地质学、地质灾害学、自然地理学、工程水文学、第四纪学五类专家分别对其评分，其值越大表示越重要（见表 3-5）；判断矩阵如表 3-6 所示，计算特征向量和特征根，分析得到特征向量为（1.222，0.501，0.877，1.285，0.940，0.877，1.003，0.846，0.877，1.128，1.442），并检查其一致性，结合特征向量计算出最大特征根为 11，利用最大特征根值计算得到 CI 值为 0〔CI=（最大特征根 -n）/（n-1）〕，符合要求，最终确定各指标的权重如表 3-7 所示。

表 3-5 孕灾环境各指标专家打分

编号	平均坡度	地形起伏度	坡向	人类活动强度指数	灾害点数量	灾害规模	岩体结构类型	地质构造	沟壑密度	植被覆盖指数	降雨量
专家 1	4	1	4	5	3	2	3	2	2	3	5
专家 2	5	2	3	4	4	4	4	3	2	4	5
专家 3	5	1	3	5	3	3	2	3	3	3	4
专家 4	4	1	3	3	3	3	3	3	2	4	5
专家 5	4	1	1	4	3	3	3	2	3	3	5
专家 6	3	1	3	3	4	4	4	4	4	4	5
专家 7	3	2	3	5	2	2	3	3	3	3	4
专家 8	4	3	2	3	2	2	4	3	3	4	5
专家 9	4	1	4	3	4	3	3	4	4	3	5
专家 10	3	1	3	5	3	2	3	2	2	4	4

表 3-6 AHP 层次分析判断矩阵

指标项	1	2	3	4	5	6	7	8	9	10	11
平均坡度	1	2.438	1.393	0.951	1.300	1.393	1.219	1.444	1.393	1.083	0.848
地形起伏度	0.410	1	0.571	0.390	0.533	0.571	0.500	0.593	0.571	0.444	0.348
坡向	0.718	1.750	1	0.683	0.933	1	0.875	1.037	1	0.778	0.609
人类活动强度指数	1.051	2.562	1.464	1	1.367	1.464	1.281	1.519	1.464	1.139	0.891
灾害点数量	0.769	1.875	1.071	0.732	1	1.071	0.938	1.111	1.071	0.833	0.652
灾害规模	0.718	1.750	1	0.683	0.933	1	0.875	1.037	1	0.778	0.609

续表

指标项	1	2	3	4	5	6	7	8	9	10	11
岩土体结构类型	0.821	2.000	1.143	0.780	1.067	1.143	1	1.185	1.143	0.889	0.696
地质构造	0.692	1.688	0.964	0.659	0.900	0.964	0.844	1	0.964	0.750	0.587
沟壑密度	0.718	1.750	1	0.683	0.933	1	0.875	1.037	1	0.778	0.609
植被覆盖指数	0.923	2.250	1.286	0.878	1.200	1.286	1.125	1.333	1.286	1	0.783
降雨量	1.179	2.875	1.643	1.122	1.533	1.643	1.437	1.704	1.643	1.278	1

表 3-7　崩塌灾害孕灾环境评价指标权重

指标项	特征向量	权重值	最大特征根值	CI 值
平均坡度	1.222	11.111%		
地形起伏度	0.501	4.558%		
坡向	0.877	7.977%		
人类活动强度指数	1.285	11.681%		
灾害点数量	0.940	8.547%		
灾害规模	0.877	7.977%	11.000	0.000
岩体结构类型	1.003	9.117%		
地质构造	0.846	7.692%		
沟壑密度	0.877	7.977%		
植被覆盖指数	1.128	10.256%		
降雨量	1.442	13.105%		

以参考序列 $\{Y_0\}$ 作为被比较数列，同时在 ArcGIS 中建立 500m×500m 格网，假设每一格网作为一个方案，分别计算每个方案中各项指标与其对应参考序列的关联系数，将求得每个方案的关联系数再进行加权运算，从而得到计算结果，并对结果按照 > 0.85、0.75~0.85 和 < 0.75 的分类标准，在 ArcGIS 软件环境中按照不复杂、较复杂和非常复杂三个类别对孕灾环境进行划分。

通过 ROC 曲线（见图 3-2）对指标进行敏感性分析，发现灾害点密度对其影响最为敏感，年均降雨量对孕灾环境的影响不敏感，这表示使用年均降雨量不大适用于本区的孕灾环境的评估，这是因为 S3K 段只是一段 20 千米左右的道路，格网内年均降雨量基本变化不大；此外，显示公路沿线灾害孕灾环境明显复杂于其他地方，说明人工开挖边坡的工程活动是本区地质灾害发育和产生的重要社会属性。将格网所得的孕灾环境评价值导出，以备 SD 模型所用。

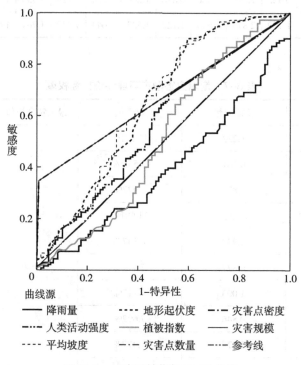

图 3-2　孕灾环境指标 ROC 曲线

三、S3K 段崩塌灾害易发性研究

通过孕灾环境的研究发现不同指标对边坡孕灾环境敏感性是不一样的，仅采用定性的孕灾环境分析，只能粗略地认识孕育崩塌灾害环境情况，对各项因子的贡献大小并不清楚，不利于客观地体现影响崩塌灾害各因子的差异性，使得分析结果很难准确地反映现实环境，因此需要对边坡崩塌的易发性进行研究。

根据《技术要求》所推荐的信息量模型，开展了本区崩塌灾害易发性研究工作。但是在所提供的信息量模型中，各评价指标的信息量值仅表示该事件发生的可能性的大小，并没有考虑各项指标在评价体系中的影响情况以及重要性的程度，故在研究中将 AHP 法与信息量模型相结合进行探索。

（一）易发性评价指标

参考《技术要求》规范，结合本区崩塌遥感解译以及野外实际调查情况，选择了相对高差、坡度、地形起伏度、岩性、坡向、河流作用、道路、植被覆盖八类指标进行评价（见图 3-3）。

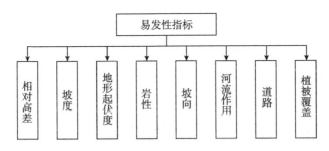

图 3-3　本区崩塌地质灾害易发性评价指标体系

（二）易发性评价指标相关性分析

对于初步选取的易发性评价因子，因为这些因素并不是绝对相互独立的，而是彼此之间可能会存在着一定的相关性。如果不经过指标的相关性检验，没有剔除高度相关性的指标，则在分析中指标间的影响就可能会叠加，进而导致结果的错误或者不准确。因此，为了保证本次评价指标因素的相互独立性，满足成果的准确性，需要对所选各指标因素进行相关性检验。

利用 ArcGIS 软件空间分析工具对所有的初选栅格指标数据进行相关性分析，计算相关性系数 R，以此来衡量各指标之间的相关程度，R 的取值范围 [-1,1]，R 越接近 1，则表示两两指标相关性越高。相关程度的划分如表 3-8 所示。

表 3-8　|R| 表征相关程度

	取值范围	相关程度
|R|	< 0.4	低度相关
	0.4~0.7	显著相关
	0.7~1.0	高度相关

初步计算得到各指标之间的相关性系数矩阵,发现岩性需要剔除,这可能是因为所选择岩层图层的精度不够所致,剔除岩性指标后再次检验,最终符合要求(见表 3-9)。

表 3-9　易发性评价因子的相关性矩阵

F1	F2	F3	F4	F5	F6	F7
1.00000						
0.10732	1.00000					
−0.03624	−0.00467	1.00000				
−0.09353	0.04180	0.20011	1.00000			
−0.09339	0.04194	0.19880	0.17729	1.00000		
0.07883	0.02796	0.10437	0.10582	0.09355	1.00000	
0.25509	0.27949	0.00868	−0.11983	−0.12066	0.15699	1.00000

注:F1:坡度。F2:地形起伏度。F3:坡向。F4:相对高差。F5:河流作用。F6:道路。F7:植被覆盖度。

（三）易发性指标信息量计算

将区域相对高差按 0~50m、50~100m、100~150m、150~200m、200~300m、> 300m 进行划分;坡度划分为 0°~20°、20°~30°、30°~40°、40°~45°、45°~50° 和 > 50°,一共六组;地形起伏度按 0~30m、30~40m、40~50m、50~60m、> 60m 进行分组;坡向按 0°~22.5°（北）、22.5°~67.5°（东北）、67.5°~112.5°（东）、112.5°~157.5°（东南）、157.5°~202.5°（南）、202.5°~247.5°（西南）、247.5°~292.5°（西）、292.5°~337.5°（西北）划分八组;河流作用按 < 100m、100~150m、150~300m、300~450m 和 > 450m 进行划分;道路按 < 100m、100~200m、200~300m、300~600m 和 > 600m 进行划分;植被覆盖度以 < 20%、20%~40%、40%~60% 和 60%~80% 进行划分。

为了提高工作效率,对上述指标的信息量的计算通过 Python 编程实现,其代码程序见附录 1,其他指标的计算方式类同,最终得到信息量计算结果如表 3-10 所示。

表 3-10　S3K 段崩塌地质灾害易发性评价指标权重分配

评价因子	分级	Ni/N	Si/S	信息量
相对高差	0~50m	—	—	—
	50~100m	0	0.046667	0
	100~150m	0.372093	0.346667	0.070780
	150~200m	0.232558	0.280000	−0.185649
	200-300m	0.372093	0.260000	0.358462
	＞300m	0.023255	0.066667	−1.05315
坡度	0°~20°	0.106977	0.006665	4.11188
	20°~30°	0.186047	0.016105	2.44686
	30°~40°	0.220930	0.012552	2.86796
	40°~45°	0.069767	0.013093	1.67305
	45°~50°	0.023256	0.006677	1.24788
	＞50°	0.093023	0.001600	4.06279
地形起伏度	0~30m	0.802326	0.041643	2.95838
	30~40m	0.093023	0.668555	−1.97227
	40~50m	0.093023	0.224363	−0.880414
	50~60m	0.011628	0.054391	−1.54279
	＞60m	0	0.011048	0
坡向	0°~22.5°（北）	0	0.093344	0
	22.5°~67.5°（东北）	0.023256	0.100509	−1.46369
	67.5°~112.5°（东）	0.104651	0.119325	−0.13122
	112.5°~157.5°（东南）	0.220930	0.138342	0.468117
	157.5°~202.5°（南）	0.209302	0.148922	0.340355
	202.5°~247.5°（西南）	0.302326	0.149056	0.707184
	247.5°~292.5°（西）	0.116279	0.123410	−0.05952
	292.5°~337.5°（西北）	0.023256	0.075064	−1.17178

续表

评价因子	分级	Ni/N	Si/S	信息量
河流作用	< 100m	0.058139	0.090909	−0.447014
	100~150m	0.302326	0.272727	0.103032
	150~300m	0.360465	0.227273	0.461244
	300~450m	0.127907	0.227273	−0.574847
	> 450m	0.081395	0.181818	−0.803689
道路	< 100m	0.848837	0.108434	2.05773
	100~200m	0.127907	0.277108	−0.773104
	200~300m	0	0.277108	0
	300~600m	0.011628	0.240964	−3.03124
	> 600m	0.011628	0.096385	−2.11495
植被覆盖度	< 20%	0.290698	0.104739	1.020810
	20%~40%	0.534884	0.257898	0.729484
	40%~60%	0.127907	0.424451	−1.19949
	60%~80%	0.046512	0.212912	−1.52118

（四）指标信息量权重的确定

易发性指标权重的确定方法同孕灾环境相同，过程不再叙述，专家打分如表 3-11 所示，其值越大即认为该指标越重要，然后通过 SpssAu 计算，得到相对高差、坡度、地形起伏度、坡向、河流作用、道路、植被覆盖度七项指标并构建七阶判断矩阵，特征向量分别为 0.840、1.369、0.684、0.747、0.840、1.462、1.058，经过一致性检验符合要求，指标对应的权重值分别是 12.00%、19.56%、9.78%、10.67%、12.00%、20.89%、15.11%（见图 3-4）。

表 3-11　易发性指标专家评分

编号	相对高差	坡度	地形起伏度	坡向	河流作用	道路	植被覆盖度
专家1	3	4	3	2	4	5	3

续表

编号	相对高差	坡度	地形起伏度	坡向	河流作用	道路	植被覆盖度
专家2	3	4	2	3	2	5	3
专家3	2	5	3	1	2	4	4
专家4	2	4	2	2	3	4	4
专家5	2	4	2	1	3	5	3
专家6	4	5	2	3	3	5	4
专家7	2	4	2	4	4	5	4
专家8	3	5	1	3	2	4	3
专家9	3	5	2	3	2	5	3
专家10	3	4	3	2	2	5	3

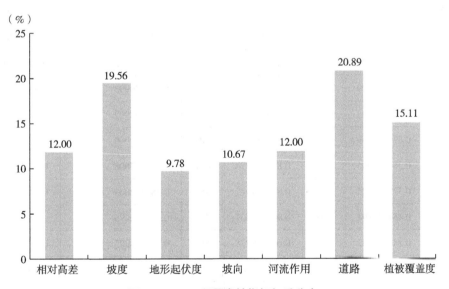

图 3-4　S3K 段易发性指标权重分布

（五）易发性评价

在 ArcGIS 软件中将各项指标数据层进行加权叠加，得到 S3K 段崩塌地质灾害的易发性分布。

　　经研究发现，地形起伏度，道路缓冲 100 米范围内信息量最大，反映了人工切坡后未能对其合理的保护或者治理影响到了边坡的稳定性，将信息量法分析结果与野外调查情况做比对，基本一致，对地质灾害各指标因子进行贡献率按大小进行排序为坡度＞地形起伏度＞道路＞植被覆盖度＞坡向＞河流作用＞相对高差。反映了地形地貌为边坡提供灾发的营力条件，道路反映了人类工程活动对边坡破坏强烈的情况，这与孕灾环境研究相对应。

　　将各指标叠加后的成果进行处理，即通过 ArcGIS 对 S3K 段格网进行综合贡献率提取，并对提取的数值进行标准化处理，作为系统动力模型中的易发性贡献值，其计算结果如表 3-12 所示。

表 3-12　S3K 格网内崩塌地质灾害易发性综合贡献率

格网编号	格网内易发性贡献值	格网编号	格网内易发性贡献值	格网编号	格网内易发性贡献值	格网编号	格网内易发性贡献值
120	0.422812015	327	0.676877022	326	0.672646999	475	0.526746988
121	0.244164005	374	0.097463503	476	0.613174975	501	0.464242011
150	0.704719007	375	0.483503997	477	0.67640698	580	0.688974023
151	0.577498019	376	0.760195017	478	0.761449993	581	0.503611028
152	0.722792983	377	0.775768995	479	0.109298997	582	0.785522997
153	0.670840979	378	0.771335006	480	0.345118999	583	0.611311018
156	0.356355995	379	0.817053974	481	0.795722008	584	0.372391999
157	0.379296005	380	0.841494977	482	0.785492003	593	0.040801901
158	0.481328994	381	0.865314007	483	0.604270995	594	0.674842
197	0.747093022	382	0.664596975	484	0.265091985	595	0.553218007
198	0.807215989	383	0.691349983	485	0.310142994	596	0.630097985
200	0.715408027	384	0.800643027	486	0.382690012	597	0.451236993
201	0.691839993	388	0.438371986	495	0.665524006	598	0.393081009
203	0.551734984	389	0.661701977	496	0.471780986	599	0.584623992
204	0.681263983	390	0.676075995	500	0.456153989	600	0.576156974
205	0.663425982	391	0.651464999	573	0.00E+00	601	0.36748001

续表

格网编号	格网内易发性贡献值	格网编号	格网内易发性贡献值	格网编号	格网内易发性贡献值	格网编号	格网内易发性贡献值
206	0.331654012	392	0.762135983	574	0.033344999	698	0.082581602
251	0.77383101	393	0.628850996	575	0.0764395	699	0.454333991
252	0.649326026	394	0.431952	576	0.119636998	700	0.571210027
253	0.833135009	395	0.614287972	579	0.148502007	702	0.592317998
254	0.539344013	396	0.662104011	119	0.305812001	703	0.338566989
255	0.417046994	397	0.666185021	155	0.141996995	704	0.707943976
256	0.813250005	398	0.430328995	196	0.749046981	705	0.791661024
257	0.728468001	399	0.32197699	199	0.765281022	706	0.82150197
258	0.810163975	400	0.613430977	250	0.865685999	707	0.729272008
259	0.424062997	401	0.44391799	305	0.777261972	708	0.768770993
304	0.573367	402	0.569682002	306	0.468194008	810	0.214232996
307	0.54836297	403	0.678270996	311	0.711099982	811	0.554740012
308	0.519903004	404	0.635158002	312	0.753627002	814	0.551971018
309	0.407669008	406	0.626507998	313	0.76513797	815	0.707732022
310	0.49052	407	0.361478001	314	0.919332981	818	0.449346006
315	0.695216	464	0.052511599	317	0.579066992	819	0.741298974
316	0.659479976	465	0.249360994	318	0.495196015	820	0.721282005
319	0.70472002	466	0.354680002	323	0.870849013	821	0.476505011
320	0.243735	467	0.491656005	328	0.372584999	926	0.115575001
321	0.362565011	471	0.521182001	385	0.800643	927	0.234606996
322	0.736338019	472	0.29449001	387	0.285834998	928	0.135634005
324	0.918143988	473	0.321455985	497	0.611505985	929	0.544844985
325	0.79056102	474	0.461019993	498	0.273541003	930	0.662849009
1048	0.171578005	1421	0.201043993	499	0.150551006	931	0.490761012
1049	0.096177198	1422	0.100982003	932	0.277772993	1173	0.485518008
1055	0.705066979	709	0.428086996	937	0.860433996	1174	0.697754025

续表

格网编号	格网内易发性贡献值	格网编号	格网内易发性贡献值	格网编号	格网内易发性贡献值	格网编号	格网内易发性贡献值
1164	0.166375995	809	0.102389999	1045	0.358943999	1292	0.392287999
1165	0.146325007	812	0.67762202	1046	0.146853998	1293	0.184064999
1172	0.352483988	813	0.302298009	1047	0.066422902	1294	0.316772014
938	0.59217298	1056	0.645891011				

四、S3K 段崩塌灾害发育特征

根据野外实际调查情况、孕灾环境和易发性研究成果，对本区内崩塌灾点发育特征进行简要的评述，以便为后期建模提供清晰的思路和参考。

（一）崩塌灾点与信息量评价指标区间的占比统计

从地形地貌角度，区内崩塌灾点集中分布在相对高差为 100 米以上，区域坡度小于 40° 的灾点有 70 处，占区内灾点总量的 81%，但是从实测微地貌来看均属陡坡；在东南、南和西南坡向上灾点占区域灾点总量的 73%。距离河流 300 米以内的灾点占总量的 72%；距离道路 100 米范围内的灾点有 73 处，占总量的 85%。植被覆盖率小于 40% 的区域灾点数为 71 处，占灾点总量的 82%（见表 3-13 至表 3-19）。

表 3-13　相对高差与崩塌灾害点统计　　　　单位：%

序号	相对高差（m）	数量（处）	占比
1	0~50	0	0
2	50~100	0	0
3	100~150	32	0.37
4	150~200	20	0.23
5	200~300	32	0.37
6	＞300	2	0.03
合计	—	—	1

表 3-14　坡度与崩塌灾害点统计　　　　　单位：%

序号	坡度（°）	数量（处）	占比
1	0~20	35	0.40
2	20~30	16	0.19
3	30~40	19	0.22
4	40~45	6	0.07
5	45~50	2	0.02
6	＞50	8	0.10
合计	—		1

表 3-15　地形起伏度与崩塌灾害点统计　　　　　单位：%

序号	地形起伏度（米）	数量（处）	占比
1	0~30	69	0.80
2	30~40	8	0.09
3	40~50	8	0.09
4	50~60	8	0.09
5	＞60	1	0.01
合计	—	—	1

表 3-16　坡向与崩塌灾害点统计　　　　　单位：%

序号	坡向	数量（处）	占比
1	0°~22.5°（北）	0	0
2	22.5°~67.5°（东北）	2	0.02
3	67.5°~112.5°（东）	9	0.10
4	112.5°~157.5°（东南）	19	0.22
5	157.5°~202.5°（南）	18	0.21
6	202.5°~247.5°（西南）	26	0.30
7	247.5°~292.5°（西）	10	0.12
8	292.5°~337.5°（西北）	2	0.03

续表

序号	坡向	数量（处）	占比
合计	—	—	—

表 3-17　河流与崩塌灾害点统计　　　　单位：%

序号	距河流（米）	数量（处）	占比
1	< 100	5	0.06
2	100~150	26	0.30
3	150~300	31	0.36
4	300~450	11	0.13
5	> 450	13	0.15
合计	—	—	1

表 3-18　道路与崩塌灾害点统计　　　　单位：%

序号	距道路（米）	数量（处）	占比
1	< 100	73	0.85
2	100~200	11	0.13
3	200~300	0	0
4	300~600	1	0.01
5	> 600	1	0.01
合计	—	—	1

表 3-19　植被覆盖与崩塌灾害点统计　　　　单位：%

序号	植被覆盖（%）	数量（处）	占比
1	< 20	25	0.29
2	20~40	46	0.53
3	40~60	11	0.13
4	> 60	4	0.05
5	—	—	1

（二）野外实测特征统计

从微地貌来看，陡崖灾害点有 14 处，其余均为陡坡；所有灾害点均位于公路沿线，且在鸭绿江右岸；坡高从 6~120m、坡宽 10~350m；坡长 6~200m；规模等级以小型为主，约占总量的 90%。所有灾点坡脚均有堆积体，其中最大堆积体体积为 75m³，最小堆积体体积为 0.4m³。边坡风化严重程度不一，以 S3K 段中心位置以东风化严重，风化带深度平均达 1.5m；中心位置以西平均风化带深度约 0.8m。卸荷裂隙深度的空间分布情况同风化情况，东部平均达 1.2m，以西约 0.6m。崩塌危岩体的形成多以修路开挖未能得到有效的治理所致，约占 90%。

本区每年雨季均有崩塌发生，从总体上来看灾害规模小，造成的直接损失不大。但是，本区也曾发生过大规模的边坡崩塌，影响深远。从野外调查的情况来看，本区崩塌边坡控制面主要是构造裂隙和风化裂隙，失稳因素主要是降雨及开挖坡角所致。

五、崩塌灾害分异规律与驱动机制研究

在岩体崩塌未形成灾害时，不妨称为崩塌事件比较妥当，如崩塌事件不存在，那么崩塌风险也无从谈起，所以研究崩塌风险就离不开崩塌事件。该事件的产生受多种因素影响，已毋庸置疑。总的来说，边坡在失稳前的危岩体的位移是一个长期积累的过程；它的形成在时间上是一个连贯性的演化过程（见图 3-5），从孕育期到平息期的七个阶段共同构成了斜坡崩塌的一个周期。

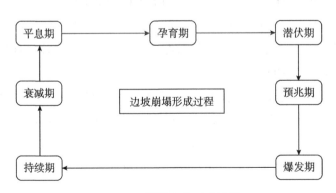

图 3-5 崩塌事件形成过程

这种动态过程则可以表现为衰减、稳定、增长、突破极限四个方面（见图3-6）。因为本书是基于 SD 对崩塌灾害风险进行评估，在建模的时候如将每一阶段的各种因素都考虑进来，是很不现实的，也很难达到。因此，为了更好地确定系统边界和模型的主回路，需要在 SD 建模之前，对本区崩塌事件中起主导作用的指标进行研究。

图 3-6　崩塌事件形成动力学过程

选择 DEA 模型，从崩塌地质灾害系统学思想出发，以崩塌地质灾害孕灾环境和区域野外实际调查数据为基础，选取相关指标进行分析和探索。因涉及一些复杂的计算问题，所以选择了数据包络分析软件 MaxDEA。

（一）指标的选择

从长白县全域的角度来看，考虑致灾因子的自然属性和社会属性两个方面，并结合孕灾环境、易发性研究成果，根据滑坡崩塌泥石流灾害调查规范（1∶50000）（DZ/T0261-2014），以及前人研究（乔彦肖等，2002；王存玉，1997；郭芳芳等，2008；徐伟等，2016），选择了地形地貌、人类活动强度、岩土体结构、水文条件、植被覆盖状况、气象条件六项指标作为控制崩塌地质灾害的主要因子并作为 DEA 模型的输入指标。

鉴于灾害规模是反映灾害发育程度和危害范围的一个重要指标（海香，2008）。一般来说崩塌隐患点规模越大说明其危险程度越高；边坡的稳定程度是边坡失稳并产生崩塌的直接因素；险情是指对人民生命财产安全构成威胁，需要采取相应的措施进行控制、防范和消除的各种事件，是区域自然灾害系统要素共同作用的结果（刘毅等，2010）。上文中地形地貌等六项输入指标对灾情、规模和边坡当前的稳定程度都有不同程度的影响，是控制和形成崩塌地质灾害的因素。因此，将其作为输入输出指标展开基于 DEA 模型的崩塌灾害分异规律分析和研究。

（二）指标分级与量化值

根据全区详查数据，发现县域范围内崩塌灾害点主要分布在沿鸭绿江公路长白县至七道沟段、S302 松江河至长白县段等。经统计和分类，处于小型险情等级共 215 处，小型规模的共 199 处；处于不稳定状态的共 73 处，较稳定状态的145 处。全区崩塌灾害点大多处于公路沿线，主要表现是由工程开挖、矿山开采所导致的边坡失稳。

对指标因子的分级是按照区域崩塌灾害环境的实际情况，利用长白县1：50000 地质灾害数据库，选择坡度、地形起伏度作为地形地貌的二级指标并对其进行了区间划分。人类活动强度指数选用曾辉等（1999）提出的人工改造活动指数方法进行计算，以＞2.5、1~2.5 和＜1 进行等级划分；按照《岩土工程勘察规范》（GB 50021–2001），对崩塌点处的岩土体结构按散体、碎裂、块列和整体块状分为四级；沟壑密度按＞3km/km^2、1~2km/km^2 和＜1km/km^2 分为三级；植被覆盖状况以 Landsat8 数据为依据，按植被指数进行了三级划分；降雨量是以区域七个雨量站多年平均降雨量进行插值，然后划分了四级。最后按上述各指标所对应的崩塌点的险情、规模等级和边坡稳定状况，以相对应的崩塌灾害点个数进行了统计（见表 3–20）。

表 3–20　DEA 决策单元输入—输出指标值

输入指标			崩塌点属性（DEA 输出）								
			危险性等级			灾害点规模			灾害点稳定现状		
			小	中	高	小	中	大	稳定	欠稳定	不稳定
地貌地形	坡度（°）	＜50	105	0	0	101	10	0	1	101	9
		51~60	26	0	0	21	1	0	0	11	11
		61~70	32	1	0	31	3	0	0	18	16
		＞71	52	0	0	46	6	0	0	15	37
	地形起伏度（米）	＜50	212	1	0	179	14	0	1	136	54
		51~80	3	0	0	20	0	0	0	9	18
		＞81	0	0	0	0	0	0	0	0	1

输入指标			崩塌点属性（DEA 输出）								
			危险性等级			灾害点规模			灾害点稳定现状		
			小	中	高	小	中	大	稳定	欠稳定	不稳定
人类活动强度	人类活动强度指数（HAI）	≥2.5	38	1	0	25	6	0	0	18	19
		1~2.5	58	0	0	50	7	0	0	22	28
		＜1	119	0	0	124	7	0	1	105	26
岩土体结构	岩体结构类型	散体	37	0	0	37	3	0	0	35	3
		碎裂	62	0	0	58	4	0	1	54	8
		块裂	72	1	0	66	9	0	0	38	36
		整体块状	44	0	0	38	4	0	0	18	26
水文条件	沟壑密度	密集	200	1	0	185	20	0	0	137	68
		中等密集	15	0	0	14	0	0	1	8	5
		不密集	0	0	0	0	0	0	0	0	0
植被状况	植被覆盖指数（MSAVI）	≤0.3	153	1	0	129	15	0	1	106	39
		0.3~0.5	38	0	0	34	3	0	0	18	13
		＞0.5	24	0	0	36	2	0	0	21	21
气象条件	平均降雨量（mm）	＞850	30	0	0	25	3	0	0	22	6
		800~850	18	0	0	11	0	0	0	16	2
		700~800	121	0	0	113	11	0	1	83	33
		＜700	46	1	0	50	6	0	0	24	32

（三）指标信息获取

第一，首先以 1∶50000 DEM 数据为基础，在 ArcGIS 软件中按表 3-20 进行了坡度和地形起伏度的等级划分。其次选择区域内土地利用数据库，提取裸地、林地、草地、园地、河流、水库、旱地、水浇地、村庄、城镇、采矿用地、设施农用地 12 项指标，通过曾辉等（1999）的研究，编制 SQL 语句计算获取了人类活动强度指数数据，其计算公式如式（3-3）所示。

$$DT = \sum_{i=1}^{N} \frac{A_i p_i}{TA} \qquad (3-3)$$

式（3-3）中，DT 是人类活动指数，N 是景观成分类型的数量，A_i 是 i 组景观的总面积，P_i 是 i 组景观人类影响强度的参数，TA 是景观的总面积。

第二，对于岩土体结构和地质构造，以《吉林省区域地质环境调查报告（1∶500000）》《1∶50 万吉林省地质图和构造体系图》等资料为依据，与结合区域实际环境优化数据，对数据加以优化处理，在 ArcGIS 软件中以表 3-20 所列的分级标准将其进行了三级划分。

第三，利用 DEM 数据，选择 Hydrology 工具集分别进行了洼地填充、无洼地水流方向、汇流累计量等计算步骤得到了栅格河网数据，通过 Stream To Feature 工具进行栅格河网矢量化，以 1000m×1000m 格网为基准，通过沟壑密度计算公式得到每一个格网的沟壑密度数据。

第四，通过收集到的气象数据资料，选择研究区内降雨数据，分别计算每个站点年均降雨量，利用反距离权重插值法对研究区进行插值处理，得到区内平均降雨量的数据。

第五，选用 I_{MSAVI}，以 TM 影像为分析数据，利用 ENVI 软件进行了植被指数提取并进行了等级划分。

（四）分析过程

建立 DEA 模型的输入/输出指标是评价的一项基础性前提工作，从表 3-20 来看，输入指标大多以数值区间的形式表示出来，如何确定合理和有效的指标输入值尤为重要。分析过程中首先通过反复的数据实验，以确定各指标区间所对应的灾害点数量作为输入值最为合理，也最为科学。

在评价中如果求得的决策单元评价值为 1，则它所对应的指标为有效，否则为无效。因无效的 DMU 之间的优劣性不能简单地按评价值的大小进行排列对比分析，为了克服这种缺陷并达到理想的效果，首先对所有的 DMU 进行第一次评价，然后剔除有效的 DMU，即计算结果为 1 的 DMU；其次对剩余的 DMU 进行第二次计算，剔除第二次计算所得的有效 DMU，以这种计算和剔除的递进工作方案，一直到剩余的 DMU 无效为止。其中第一次评价有效指标为最重要，第二次所得结果次之，依次进行指标评价计算和分级，其中水文条件不密集的指标为模型无效指标，最终将三次评价分为三级，其评价结果如表 3-21 所示。

表 3-21　DEA 模型的评价指标及其有效性评价结果

DMU	一级指标	二级指标	指标属性值	评价优化值（input 值）	综合评价值过程		
					第一次评价值	第二次评价值	第三次评价值
1	地貌地形	坡度（°）	< 50	111	1	—	—
2			51~60	22	0.950994	1	—
3			61~70	34	0.985294	1	—
4			> 71	52	0.8125	1	—
5		地形起伏度（米）	< 50	188	0.946373	1	—
6			51~80	29	1	—	—
7			> 81	2	0	0.702703	1
8	人类活动强度	人类活动强度指数（HAI）	≥ 2.5	30	1	—	—
9			1~2.5	57	0.824424	1	—
10			< 1	132	0.848485	0.987436	1
11	岩土体结构	岩体结构类型	散体	38	0.921053	1	—
12			碎裂	62	0.983871	1	—
13			块裂	75	0.783125	1	—
14			整体块状	44	0.810369	0.997029	1
15	水文条件	沟壑密度	密集	204	0.818145	1	—
16			中等密集	15	1	—	—
17			不密集	0	−1E+30	−1E+30	—
18	植被状况	植被覆盖指数（MSAVI）	≤ 0.3	164	0.798181	0.947306	1
19			0.3~0.5	34	0.909237	1	—
20			> 0.5	21	1	—	—
21	气象条件	平均降雨量（mm）	> 850	28	0.905152	1	—
22			800~850	18	0.888889	1	—
23			700~800	117	0.888609	1	—
24			< 700	56	0.796131	1	—

将三次评价结果按有效值所对应指标范围进行空间叠加分析将全区崩塌点分为三类，不妨将其分别称为：受降雨影响、人类活动影响和重力应力因素影响。

（五）主控因子的分异性讨论

（1）从分析结果整体分布情况来看，长白县全区崩塌地质灾害分异特征明显，其驱动机制可以分为三大类，第一类是受人类活动强度控制，以绿江村、沿江村、鸡冠砬子村、安乐村最为集中；第二类为受降雨影响的崩塌点，区域位置集中在马鹿沟镇西，即处于二十一道沟以北和鸭绿江大峡谷景区以南的公路边坡；第三类点处于地形起伏度非常大，容易受斜坡重力应力作用形成坡体变形。

（2）第一类崩塌点有效值为坡度小于50°、地形起伏度51~80米、人类活动非常强、沟壑中等密集、区域植被条件较好，经统计受此类指标影响的崩塌灾害点全区有31处，主要集中在民主村、绿江村、鸡冠砬子村、安乐村、东兴村等地的公路沿线。同时调取高分遥感影像和相关资料发现，灾害点所处的行政区人口最为集中。

（3）第二类崩塌点是在区域内地形起伏度小于50米、植被指数一般，从实际调查的微观地形地貌上来看，崩塌点所处的坡度较陡，岩体破碎，降雨量显得尤为突出，从年均700mm到大于850mm均有效，因此本书认为降雨量是导致该区域崩塌灾害的主要因素，如马鹿沟镇从二十一道沟至长白山大峡谷区域最为集中，与1:250000地质图和实际调查发现，该区是以火山灰、火山碎屑堆积形成，属于水平地层，岩土体散裂，容易受降雨影响。此外，最需注意的是分布在十三道湾村、十三道沟村，金厂村、十六道沟村等地的崩塌点，存在多处中型规模并处于相对人口密集区，降雨期间要避让灾害点。

（4）第三类崩塌点主要受其他应力作用，从评价结果中可以清楚地发现区域内植被发育差，人类活动影响较少。

通过研究，可以十分明确地确定S3K段公路边坡崩塌地质灾害主要受人类活动和降雨共同影响。从微地貌上来看，人类活动虽然造成了公路边坡的破坏，但是这种工程活动已经成了历史，现在可以理解为因人类活动遗留下来的"人工自然环境"，处在这样的环境下的边坡体所产生的崩塌灾害主要受降雨诱发，所以确定系统动力学模型主控回路认定为降雨诱发。

六、基于 ANN-CA-RS 的边坡稳定性研究

相关成果表明，岩体的力学性质与其结构面、结构体及其赋存环境密切相关（王思长，2016），因此岩体内的各种地质界面，如褶皱、断层、层理、节理、片理等构成的岩体结构面在复杂的自然环境中会导致其力学性能的改变，从而使岩体逐渐破碎，破碎的岩体容易遭受水的渗透，且当水浸入岩体后，存在于裂隙中的小物质颗粒会通过水力溶蚀、磨蚀、冲刷的作用下发生迁移，这种过程会造成岩体空隙度的增加（陈占清等，2014），随时间的推移极大可能会造成高陡边坡岩体的不稳定性甚至发灾。虽然，关于边坡稳定性的研究成果较多（Rotaru et al.，2021；Sundaram et al.，2022；Zhang et al.，2019），但是通过工程实验和数学建模等相结合的方法评估边坡稳定性，不仅耗时且经济成本也较高，不适用于区域内边坡稳定性研究工作，因此本书利用遥感技术手段对本区进行边坡稳定性的研究。

（一）理论依据与技术流程

岩体蚀变一般发生在具有特定地质构造背景前提下（王倩、陈建平，2009），它会导致岩体力学性能的降低（魏伟等，2012；杨根兰，2007），蚀变的差异性容易造成岩体性状的不均匀性，从而形成局部区域的工程岩体软弱带（苗朝等，2013），且岩体蚀变与岩体风化、破碎、力学性能有着密切的因果关系（翁海蛟等，2015）。

铁染异常是岩体蚀变的一种，是特定的岩体在环境变化中的一种蚀变反应，一般情况下，处在含铁量高的玄武岩地区更加明显。本区属于火山岩台地，以玄武岩为主，含铁量高（Liu et al.，2015；魏海泉，2014），且本区公路边坡岩体裂隙发育（张丽、李广杰，2005），水作用强烈，导致了相应裂隙面的铁质薄膜发育程度高，容易从遥感影像识别出铁染异常的变化情况，据此理论开展本部分的相关研究是可行的。

根据遥感物理学，任何地物都不断地以电磁波的形式向外辐射，卫星遥感是利用传感器从空中接收这种辐射，利用接收到的波谱信息识别提取所需的目标地物。所以，根据遥感探测地物波谱特性的差异是遥感识别地物的基本原理。

Hunt（1977）发现主要造岩物在可见光—近红外光谱并不产生具有鉴定意义的反射谱系，其光谱特征主要由岩石次要矿物决定，对铁质含量多的岩体，在

特征谱带中占有优势便于遥感识别，根据金谋顺等（2015）所列的铁氧化物波谱特征曲线，如图 3-7 所示，若岩石中含多量的三价铁离子（Fc^{3+}），且 Fe^{2+} 较少，这类岩石的主要吸收谱为 0.45~0.94um，对应于 Landast8 影像的第 2 波段至第 5 波段，反射波长相当于第 5 波段。若含大量的 Fe^{2+}，而 Fe^{3+} 较少，则主要吸收谱带位于 Landast8 影像的第 2 波段。

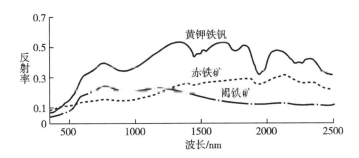

图 3-7 铁氧化物实测波谱曲线

资料来源：金谋顺等（2015）。

坡面形态形成与演化具有时空特征（卡森、柯克拜，1984），岩体蚀变会影响到岩体强度的变化，从而导致岩体破碎，根据 DAVIS 的侵蚀循环学说（Davis，1899），高陡边坡破碎的表层碎裂物会在重力等诸多因素作用下发生空间位置的迁移，而后又重新裸露出新的岩体表面。这种过程会反复地进行着，那么破碎的岩体表面的铁质薄膜就会随其物质的迁移，裸露出新边坡岩体，这种新岩体与原岩体就存在着光谱信息的变化。岩体越破碎，表层铁质薄膜就越发育，且碎屑物在自然环境中越容易发生空间位置的迁移，其光谱信息变化就越大；反之亦然。

本次将岩体划分为完整、较破碎、破碎和极破碎四种状态，分别用 0、1、2、3 表示，因为边坡整体演化过程是从不稳定→稳定→不稳定→稳定周而复始地进行着，因此可以认为边坡岩体表层岩体在多种因素作用下按照 3→2、3→1、3→0、3→1、2→0、1→0 的变化，从而反复地影响到蚀变信息在时空上的变化。可以这样理解，岩体越完整，附着在该岩体上的铁质薄膜在恶劣的环境中较其他破碎的岩体显得越稳定，即在遥感影像上不容易发现其变化。

综上所述，本书收集了2014年、2016年、2018年、2020年、2021年的Landast8遥感影像，利用主成分分析法对铁染异常进行提取，并以 DN 值结合野外调查实测数据对岩体破碎程度进行划分，然后选择了影响边坡不稳定性指标，如年均降雨量、坡度、地形起伏度、地表粗糙度、植被指数、叶面指数（LAI）、植被根系深度、人类活动强度等，同时建立了 ANN-CA 模型对本区开展了模拟等相关研究，其技术流程如图 3-8 所示。

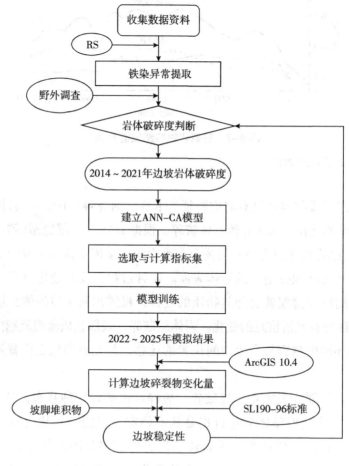

图 3-8　边坡稳定性识别技术流程

（二）本区边坡岩体破碎性的划分

对遥感影像进行辐射定标和 Flaash 大气纠正等其他一系列预处理后，参考金谋顺等（2015）关于铁质矿物的光谱信息特征，选择铁染异常通用提取方法，即在 ENVI 软件中选择第 2、第 4、第 5、第 6 波段组合进行铁染异常的主成分分析。为节约篇幅，本书只列出 2016 年 5 月 19 日、2020 年 5 月 30 日的主成分分析表（见表 3-22），其他影像数据的处理方式与其类似。

表 3-22 铁染异常主成分统计分析

主成分分析		Band 1	Band 2	Band 3	Band 4	贡献率（%）
2016 年 5 月 19 日	PC1	0.094610	−0.098194	0.989432	0.049301	76.49
	PC2	−0.617834	−0.773717	−0.010745	−0.139745	22.33
	PC3	−0.646450	0.398389	0.069112	0.647002	0.94
	PC4	0.437531	−0.482707	−0.127011	0.747950	0.24
2020 年 5 月 30 日	PC1	0.195103	−0.033706	0.978984	0.048875	77.42
	PC2	0.674310	0.720196	−0.115350	0.115408	21.45
	PC3	0.646498	−0.540702	−0.121278	−0.524379	0.86
	PC4	0.298801	−0.433386	−0.116516	0.842211	0.27

将主成分分析得到的铁染异常分布图层与野外调查数据进行空间位置关联，获得遥感影像分析所得的主成分图层的 DN 值范围与其对应的岩体破碎现状，如表 3-23 所示。

表 3-23 实测数据与铁染异常 DN 值对比

地段号	调查区中心经纬度	边坡调查情况	DN 值区间
1	127° 55′45″，41° 27′27″	全风化至强风化，表现为破碎至散体	224~255
2	127° 50′46″，41° 25′11″	强风化至弱风化，整体表现块裂	202~255
3	127° 48′05″，41° 25′18″	强风化至弱风化，整体表现为块裂	190~255
4	127° 46′53″，41° 25′23″	全风化至强风化，整体表现为块裂至散体	196~255
5	127° 40′33″，41° 25′12″	强风化至弱风，整体表现为块裂	200~255
6	127° 42′48″，41° 25′19″	整体块状	121~255

续表

地段号	调查区中心经纬度	边坡调查情况	DN 值区间
7	127° 44′19″, 41° 25′36″	块裂结构	187~255
8	127° 43′47″, 41° 25′26″	整体块状	90~255
9	127° 49′5.4″, 41° 24′49.5″	块裂至散体，风化破碎强烈	242~255
10	127° 47′7.9″, 41° 24′32.3″	碎裂结构	197~255

注：①地段 1~5 边坡资料来源于王元林和孟昭峰（2012）、王屹林（2017）；②地段 6~10 资料来源于实地调查资料。

根据表 3-23，对该区域的其他边坡岩体结构进行了调查和验证（见附录 2），并进行了反复的数据对比实验。最终确定 DN 值小于 40 的设为其他地类；40~130 为完整、130~220 为较破碎、220~245 为破碎、大于 245 为极破碎；在 ArcGIS 软件的重分类工具中分别按 0、1、2、3 进行设置并提取。

2014~2021 年，边坡铁染异常分布存在明显的时空变化特征，发生变化的最直接原因是极端强降雨天气。比如：2018 年 5 月和 7 月该地区持续强降雨导致多处边坡失稳崩塌；2020 年 7 月暴雨天气，以及 2020 年 9 月台风"巴威"和"美莎克"带来的极端暴雨天气[①]，导致了公路边坡大面积的侵蚀，所以从极端天气发生后的 2018 年 10 月 18 日，2021 年 6 月 18 日遥感分析所得的铁染异常图出现了很大变化。

（三）指标选择与信息获取

地理学第一定律认为地理事物或属性在空间分布上互为相关，存在集聚、随机、规则分布。如上文所述，边坡的不稳定性与岩体破碎程度有很大关系，其可以从铁染异常的变化表现出来。第一，参考 Bell（1976）关于地质灾害与雨量的关系的研究成果，以及关于本区域地质灾害的研究文献（王屹林，2017；王慧、曹炳兰，2004），本区地形地貌对边坡稳定性有重要影响，所以选取坡度、地形起伏度、地表粗糙度。第二，叶面积指数（Leaf Area Index，LAI）能反映地表能量的平衡，且与降水多种因素存在相互作用（刘凤山等，2014），岩土体系统是复杂的开放系统，所以存在着能量和物质的交换（罗元华等，1998），边坡的稳

---

① 台风"美莎克"来势汹汹！长白辖区将迎来大到暴雨，雨天行车交警送您"硬核"提醒［EB/OL］.［2020-09-01］. https://m.thepaper.cn/newsDetail_forward_8985114.

定性是这种能量的交换过程的反映。第三，边坡植被根系深度不仅影响土壤水分的吸收，还影响到持土能力，使边坡不容易导致水土流失而失稳。第四，人类工程活动导致边坡岩体力学性能的降低，从而导致边坡失稳。最终确定本次 ANN-CA 模型的控制因子为降雨量、坡度、地形起伏度、地表粗糙度、植被指数、叶面指数（LAI）、植被根系深度、人类活动强度等指标。

第一，通过 ArcGIS 软件中的 IDW（Inverse Distance Weighted）工具模块对区域进行降雨量空间插值得到降雨量图层数据。

第二，以本区域 1：10000 地形数据为基础，分别通过 ArcGIS 软件中 Slope 工具获取坡度，以坡度数据图层提取地形起伏度，同时按式（3-4）计算地表粗糙度。其中，地形起伏度是利用 ArcGIS 软件中的 RANGE 模块，计算其邻域内像元的范围内的最大值和最小值，并求它们的差而得。

$$R = \frac{1}{\cos\left(slope \times \dfrac{3.14159}{180}\right)} \qquad (3-4)$$

第三，关于叶面积指数计算方法有很多，本次采用三次多项式回归方程获取，如式（3-5）所示。

$$LAI = 14.544 \times NDVI^3 + 1.935 \times NDVI^2 - 3.877 \times NDVI + 1.798 \qquad (3-5)$$

式（3-5）中，$NDVI$（Normalized Difference Vegetation Index，NDVI）为归一化差分植被指数。

第四，通过对 S3K 段实地植被数据采集，与所得到的 LAI 数据进行对比，发现根系超过 60cm 的植被所对应的 LAI 图层数据值超过 7，为了研究的严谨性，参考杨胜天等（2015）的研究，可按式（3-6）计算得到根系深度数据图层。

$$Rd_i = Rd_{\max} \frac{LAI_i}{LAI_{\max}} \qquad (3-6)$$

第五，人类活动强度指数，按式（3-3）计算。

将控制因子图层数据通过 ArcGIS 软件中的 Fuzzy Membership 工具模块做归一化处理，分别得到各归一化的栅格图层数据，利用此数据作为本次元胞自动机模型的影响因子（见表 3-24）。

表 3-24　ANN-CA 模型所采用的边坡不稳定性影响因子

编号	控制因子	获取方法	原始数据值范围	标准化范围
1	年均降雨量	气象站获取，IDW 插值	622~699mm	0~1
2	月极端雨量	气象站获取，IDW 插值	＞200mm	0~1
3	坡度	ArcGIS 软件 Slope 工具	0°~81.28°	0~1
4	地形起伏度	Max-min	0~80	0~1
5	地表粗糙度	式（3-4）	1~6.15	0~1
6	叶面指数（LAI）	式（3-5）	-6.9~14.4	0~1
7	植被指数	式（3-1）	-1~1	0~1
8	植被根系深度	式（3-6）	0~70	0~1
9	人类活动强度	式（3-3）	0.83~0.9	0~1

（四）模型训练与模拟

假如元胞 k 在时刻 t 的第 l 种边坡破碎类型转换概率 p 为随机因素、那么人工神经网络计算概率、邻域发展密度和转换适宜性的乘积可以表示为式（3-7）：

$$P(k,t,l) = (1 + (-\ln\gamma)^\alpha) \times p_{ann}(k,t,l) \times \Omega_k^t \times con(s_k^t)) \quad (3-7)$$

式（3-7）中，$1 + (-\ln\gamma)^\alpha$ 为随机因素，$p_{ann}(k, t, l)$ 为使用已训练的人工神经网络计算的边坡破碎类型的转换概率；Ω_k^t 为所定义邻域窗口邻域发展密度，$con(s_k^t)$ 为两种类型之间的转换适宜性，其值为 0 和 1，分别代表可以转换和不能转换。

在对正常气候年份模拟中，设置控制指标因子（见表 3-24），即以 2014 年 5 月 30 日和 2016 年 5 月 19 日的岩体破碎分类成果作为提取转换规则的数据，抽样比例为 10%，邻域设置为 15×15；模型中设置完整性岩土体作为稳定性标志，以便计算终止条件时的参考类型。根据地学规律，对岩体规则以不可跳跃行为原则进行设置，比如完整性岩体可转换为块裂结构岩体、不可跳跃转换为碎裂或散体结构岩体，以此类推。过程中，将可以互相转换设置为 1，不可转换设置为 0。设置好规则后，将 2016 年 5 月 19 日设置为起始时间，2020 年设置为终止年份，在模拟实验中反复运行并调整参数，最终确定扰动系数为 2，迭代次数为 200

次，隐藏层元胞数量为 18，机器学习速率为 0.06，转换阈值为 0.6，从而得到训练数据集的精度为 90.294%，验证数据集精度为 89.324%，使用这套参数对未来进行模拟，得到正常年份的模拟数据；同理，对于气候极端年份，以 2016 年 5 月 19 日和 2018 年 10 月 18 日的岩体破碎分类成果作为提取转换规则的数据，对模型进行反复运行并调整参数，最终确定扰动系数为 8，迭代次数为 300 次，隐藏层元胞数量为 22，机器学习速率为 0.05，转换阈值为 0.8，从而得到训练数据集的精度为 82.232%，验证数据集精度为 79.648%，使用这套参数对未来进行模拟，得到气候不正常年份的模拟数据。

因未来的环境变化是未知的，研究过程分为正常和极端气候两种情况进行模拟。发现在正常情况下，边坡铁染异常值保持稳定；在极端环境条件下，铁染异常发生非常强烈的变化。当环境趋于稳定以后，大约 2 年的时间铁染异常又在同一空间位置复原。根据 2021 年（环境异常年）真实的铁染异常值，假设 2022 年为正常年份，经多次反复的计算机实验，确定模型扰动系数为 2，转换阈值设置为 0.6；又假设 2022 年为极端环境年份，确定模型扰动值为 8，转换阈值设置为 0.8，从而模拟了 2022 年两种环境条件下的铁染异常。同理，基于 2022 年为极端年份所得到数据的基础上，假设 2023 年为正常年份并对其进行模拟，为节约篇幅，对于后续年份的模拟以此类推，过程不再叙述。

（五）本区边坡稳定性的识别

史德明等（1996）认为坡度越大侵蚀程度越严重，会导致相应的地物遥感光谱特征也发生明显变化。尚彦军等（2013）认为岩体结构并非静止状态，它会随着环境影响而变化。正是因为这种变化，使得高陡边坡岩体失稳，参考前人相关的研究成果（邱姝月等，2021；李晓文等，2003；李梦宇等，2021；张晓东等，2021；王秀兰、包玉海，1999），以铁染色异常为公路边坡失稳动态指数，计算方法如式（3-8）所示，即以边坡铁染异常变化面积占所在格网的面积作为评估该处边坡稳定性判别的依据：

$$I_{TRYC} = \sum_{j-i} \left| \frac{K_j - K_i}{A} \right| \times \frac{1}{T} \times 100\%, (j \leqslant 3, i \leqslant 3, j > i, j, i \in N) \qquad （3-8）$$

式（3-8）中，I_{TRYC} 表示单元格网内不稳定变化强度指数，K_j、K_i 分别表示末期与初期铁染异常在空间单元内的面积，A 表示格网面积；T 表示研究末期和初期相间隔的时间，单位为年；绝对值符号表示计算所得的值不考虑其正负性，统一归为变化强度。

为节约篇幅，根据式（3-8），只将 2014 年与 2016 年运算过程进行叙述，2016 年与 2018 年、2018 年与 2020 年、2020 年与 2021 年、2021 年与之后的各年模拟数据依次类推。将两幅遥感解译铁染异常按灰度值进行分类，即 0、1、2、3 分别对应完整、较破碎、破碎和极破碎影像进行做差运算，再通过 ArcGIS 软件中的 Combine 工具将其联合，把 3→2、3→1、3→0、2→1、2→0、1→0 所对应的图斑提取出来，使用该软件的 Add Geometry Attributes 模块统计其面积并保存为相应的图层文件，使用 Merge 工具模块将这些图层融合为一个图层，最后，加载 500m×500m 格网数据，选择 Join 工具，按空间位置进行斑块所占格网的面积进行统计。根据切比雪夫不等式相关理论，参考土壤侵蚀强度分级标准表（SL190-96），按正常年份和不正常年份的铁染异常变化占格网比进行统计，得到本区边坡稳定分级统计数据，如表 3-25 所示。

表 3-25　铁染异常变化面积占格网比的边坡稳定性动态度统计

时间	铁染异常遥感解译变化面积（km²）	铁染异常指示变化占所处格网面积比	对应历史灾害点数量（处）	不稳定度
正常年份变化信息（2014~2021 年）	0.4600	<10%	38	稳定
	1.2100	10%~30%	29	欠稳定
	1.9500	>30%	4	不稳定
不正常年份变化信息（2014~2021 年）	0.0700	<10%	0	稳定
	0.9500	10%~30%	8	欠稳定
	8.9100	>30%	63	不稳定
模拟正常年份变化信息（2022~2025 年）	0.0046	<10%	0	稳定
	0.0107	10%~30%	0	欠稳定
	0.0045	>30%	0	不稳定
模拟不正常年份变化信息（2022~2025 年）	0.0360	<10%	0	稳定
	1.3080	10%~30%	0	欠稳定
	3.5230	>30%	0	不稳定

　　依据重力侵蚀划分的相关标准对 2014~2021 年两种气象环境特征下的边坡稳定性进行空间分布制图，同理，对未来正常和不正常年份进行模拟并制图。

（六）野外调查与讨论

　　根据模拟结果，对研究区域内的 71 处公路边坡进行了实地调查，发现其中 9 处边坡与实际情况不符。模拟结果显示铁染色异常的面积很小，但在实际调查中，发现斜坡上存在岩体剥离，这是由于局部小砾石的坠落导致坡脚堆积，整体坡面相对完整，在强降雨等因素的影响下，发生了局部落石，未能在格网区产生大范围的铁质薄膜的变化。此外，还发现了一块体积为 11.88m³ 的堆石（见表 3-26 第 68 号现场调查）。这是由先前的岩体坍塌引起的，而其不在本次分析的时间序列中。根据现场调查，准确率为 87.32%，野外调查与铁染异常变化强度对比如表 3-26 所示。

表 3-26　野外调查和铁染异常变化强度对比数据

现场调查编号	区域ID	边坡野外调查数据							坡脚堆积物体积（m³）	I_{TRYC}
		坡顶标高（m）	坡脚标高（m）	坡长（m）	坡宽（m）	坡高（m）	全风化深度（m）	卸荷裂隙深度（m）		
1	1	582.60	561.60	31.00	130.00	22.00	1.20	0.00	2.60	0.887
2		555.60	530.60	33.00	249.00	25.00	1.10	0.60	10.00	0.951
3		558.50	541.00	17.50	44.00	11.00	0.00	0.00	12.00	0.951
4		579.40	545.40	36.00	283.00	34.00	1.80	0.00	2.00	0.774
5		560.20	534.20	30.00	191.00	26.00	0.80	0.60	1.50	0.737
6	2	577.30	539.30	38.00	254.00	22.00	1.20	0.00	1.40	0.737
7		568.80	548.30	24.00	89.00	20.50	1.50	0.00	2.34	0.991
8		565.30	554.30	13.00	79.00	11.00	1.50	0.80	1.50	0.991
9		564.20	547.20	20.00	79.00	17.00	1.20	0.00	4.50	0.903
10		550.40	543.40	6.00	252.00	7.00	0.00	0.00	5.10	0.903
11		574.90	573.10	3.00	177.00	1.80	1.60	0.00	3.75	0.490
12	3	600.30	589.30	19.00	169.00	11.00	0.00	0.00	7.00	0.921
13		581.60	567.60	9.00	160.00	6.50	0.00	0.00	3.00	0.551

续表

现场调查编号	区域ID	边坡野外调查数据							坡脚堆积物体积（m³）	I_{TRYC}
		坡顶标高（m）	坡脚标高（m）	坡长（m）	坡宽（m）	坡高（m）	全风化深度（m）	卸荷裂隙深度（m）		
14		582.00	574.00	10.00	351.00	8.00	1.60	0.00	3.15	0.551
15		585.60	552.60	43.00	12.00	33.00	0.00	0.00	2.20	0.374
16		557.20	551.20	7.00	65.00	6.00	0.00	0.00	18.75	0.909
17		587.50	571.50	25.00	235.00	16.00	1.20	0.00	3.63	0.372
18		578.90	568.90	14.00	212.00	10.00	0.80	0.00	1.20	0.372
19		592.10	573.10	31.00	203.00	19.00	1.20	0.00	3.60	0.372
20		563.40	556.00	10.00	40.00	7.40	1.80	0.00	3.00	0.281
21		570.30	553.20	26.00	133.00	17.00	1.10	0.80	3.75	0.541
22		556.00	548.00	11.00	77.00	8.00	1.00	0.70	3.15	0.541
23		570.80	546.80	24.00	64.00	24.00	1.10	0.70	1.20	0.541
24	3	569.10	543.10	28.00	50.00	26.00	0.80	0.00	8.00	0.569
25		558.00	542.00	19.00	127.00	16.00	0.80	0.00	2.64	0.569
26		567.40	548.40	22.00	30.00	19.00	2.00	0.70	3.00	0.569
27		563.40	545.40	26.00	56.00	18.00	1.80	0.00	9.00	0.383
28		568.70	546.70	22.00	74.00	19.00	0.80	0.00	3.00	0.383
29		567.00	561.00	8.00	169.00	6.00	0.80	0.00	9.00	0.884
30		575.40	560.40	17.00	17.00	15.00	0.80	0.00	1.00	0.884
31		595.10	560.10	40.00	258.00	35.00	0.80	0.00	2.00	0.884
32		594.90	651.90	38.00	99.00	33.00	0.80	0.00	1.20	0.581
33		606.00	562.00	50.00	151.00	44.00	1.50	1.10	1.88	0.581
34		569.90	561.90	14.00	94.00	8.00	1.50	0.80	3.00	0.696
35		581.60	567.60	17.00	171.00	14.00	0.60	0.30	5.25	0.797
36	4	597.70	583.70	21.00	108.00	14.00	1.10	0.70	1.12	0.400
37		587.10	568.10	29.00	256.00	19.00	1.00	0.80	6.00	0.800

续表

现场调查编号	区域ID	边坡野外调查数据							坡脚堆积物体积（m³）	I_{TRYC}
		坡顶标高（m）	坡脚标高（m）	坡长（m）	坡宽（m）	坡高（m）	全风化深度（m）	卸荷裂隙深度（m）		
38		588.00	576.00	14.00	21.00	12.00	1.00	0.80	2.66	0.800
39		587.10	583.10	6.00	40.00	4.00	1.00	0.70	15.00	0.800
40		592.60	580.60	18.00	151.00	12.00	1.50	0.80	5.25	0.800
41		612.40	597.40	21.00	97.00	15.00	1.00	0.80	9.00	0.800
42		617.60	595.60	30.00	11.00	22.00	1.50	1.10	0.45	0.800
43		649.70	634.70	21.00	162.00	15.00	0.00	0.00	9.75	0.800
44		660.90	635.90	32.00	167.00	25.00	0.80	0.00	1.08	0.800
45	4	669.50	644.50	33.00	90.00	25.00	0.80	0.00	2.25	0.800
46		589.60	577.60	17.00	212.00	12.00	0.80	0.00	12.00	0.758
47		633.50	627.00	8.00	102.00	6.50	1.20	0.80	3.63	0.450
48		616.00	610.00	10.00	305.00	6.00	0.80	0.60	3.00	0.450
49		626.50	620.00	7.00	94.00	6.50	1.20	0.80	1.20	0.544
50		641.00	634.00	10.00	245.00	7.00	1.10	0.70	3.60	0.544
51		665.00	630.00	42.00	115.00	35.00	0.00	0.00	1.88	0.709
52		478.40	460.40	22.00	402.00	18.00	1.20	0.00	3.00	0.673
53		643.60	627.60	22.00	185.00	16.00	0.80	0.00	15.00	0.122
54		695.70	665.70	37.00	107.00	30.00	0.00	0.00	1.10	0.855
55	5	780.10	660.10	177.00	270.00	120.00	1.20	0.00	5.25	0.579
56		651.00	626.00	30.00	205.00	25.00	0.20	0.30	0.90	0.579
57		640.20	626.70	15.00	179.00	13.50	1.20	0.00	1.50	0.579
58		649.50	645.00	7.00	151.00	4.50	1.20	0.00	1.12	0.800
59		648.90	623.00	35.00	52.00	27.00	1.20	0.00	6.00	0.800
60	6	624.50	619.00	7.00	10.00	5.50	1.20	0.00	2.66	0.800
61		639.00	619.00	44.00	227.00	20.00	0.00	0.00	1.50	0.800
62		643.20	639.20	5.00	172.00	4.00	1.60	0.00	10.00	0.800

续表

现场调查编号	区域ID	边坡野外调查数据							坡脚堆积物体积（m³）	I_{TRYC}
		坡顶标高（m）	坡脚标高（m）	坡长（m）	坡宽（m）	坡高（m）	全风化深度（m）	卸荷裂隙深度（m）		
63		562.80	544.80	22.00	151.00	18.00	0.00	0.00	0.60	0.200
64		664.60	640.60	31.00	100.00	24.00	0.00	0.00	0.85	0.200
65		573.00	557.00	22.00	52.00	16.00	0.00	0.00	0.40	0.383
66		568.70	554.70	23.00	233.00	14.00	0.00	0.00	0.48	0.581
67	—	609.70	605.70	5.00	73.00	4.00	1.20	0.00	5.25	0.419
68		608.80	591.80	23.00	129.00	17.00	0.00	0.00	11.88	0.127
69		632.20	619.20	19.00	27.00	13.00	1.20	0.00	0.45	0.217
70		634.00	620.00	18.00	161.00	12.00	0.00	0.00	0.45	0.217
71		637.60	631.10	11.00	176.00	6.50	1.20	0.00	9.00	0.217

注：①在崩塌或落石等重力地质灾害中，坡脚沉积物的体积是边坡稳定性的重要标志。一般来说，坡脚沉积物越多，边坡越不稳定。② I_{TRYC} 的计算方法见式（3-8）。

根据野外调查实测数据，将本次成果进行整理讨论如下：

（1）S3K 公路边坡崩塌灾害点非常集中，从现场调查来看，这主要是由于自然环境中的高陡边坡岩石风化，导致岩体潜在结构面的强度降低，造成了岩体破坏，在环境营力的作用下，最终形成了目前的崩塌点，而且边坡堆积物主要位于灾害点的坡脚。通过本次模拟和历史极端天气（强降雨）数据，可以确定该地区斜坡的稳定性与气象条件的变化密切相关。

（2）根据调查数据（见表 3-26），统计分析表明，铁染色异常值（I_{TRYC}）与坡顶高程（X_1）、坡脚高程（X_2）、全风化深度（X_3）和卸荷裂缝深度（X_4）的相关度为 0.93，R^2 值为 0.87，关系式为 $I_{TRYC}=0.0000905X_1+0.000062X_2+0.0251X_3+0.0873X_4$。表 3-26 显示，铁染色异常变化区域与边坡坡脚堆积物量呈正相关。发现该区域斜坡不稳定性以 S3K 段公路中心位置与其以东地区最为强烈。通过现场调查，发现中部斜坡岩体风化严重，最大厚度达到 7.4m。在典型的小区域内进行了槽探工程，3.5m 处未发现完整的岩体。此外，斜坡底部处于完全风化状态。坡脚的碎屑占 40%，土壤占 50% 以上。

（3）中心位置以东，岩体为中风化至强风化，坡脚堆积物主要为砾石。中心位置以西，岩体主要表现为中等风化，坚硬易碎。整个块状岩体位于该区域斜坡底部以下 50~200cm 处，斜坡底部的堆积物减少。将野外调查所获得的部分数据统计（见表 3-27）。

表 3-27 S3k 段公路边坡野外调查特征

位置	经纬度范围	边坡几何形态			坡脚堆积物（m³）	岩体结构
		长度（m）	宽度（m）	高度（m）		
中心地段	127° 50' 26.8"，41° 25' 16.4" 至 127° 51' 44.1"，41° 26' 10"	71~114	11~28	49~83	2.2~18.75	边坡岩体整体破碎，边坡底部风化较严重
中心段以东	127° 55' 26.70"，41° 27' 4.50" 至 127° 55' 39.5"，41° 27' 27.0"	20~64	17~25	10~40	0.4~9.0	
中心段以西	127° 45' 46"，41° 25' 23" 至 127° 46'16.80"，41° 25' 29.10"	10~44	6~30	10~50	0.2~3.7	边坡岩体结构主要表现为整体块体

（4）根据野外现场调查，中部地区坡脚堆积量为 122.21m³，占总堆积量的 42.27%。区域 3 坡脚堆积量为 18.23m³，占总堆积量的 6.31%。根据极端天气环境条件下的铁染异常数据统计，斜坡极不稳定区域集中在区域 4、区域 5 和区域 6，测得的坡脚堆积量为 89.7m³，占整个区域堆积总量的 31.14%。不稳定状态主要分布在 1 区、2 区和 3 区，坡脚堆积量为 190.6m³，占总面积的 66.08%。模拟未来极端环境下的边坡稳定性，结果显示多处边坡存在不稳定性。对于未来的正常年份，发现除了不稳定的中线位置区域外，区域整体边坡是处于稳定的。

将未来各年份模拟所得的边坡不稳定性值进行叠加平均，通过格网空间关联后保存，以备 SD 模型所用。

本章小结

第一，通过遥感和野外调查的方法，获得了本区灾害点及其属性数据，提供了必需的数据支撑。

第二，利用灰色关联法研究了区域内的孕灾环境复杂程度，从半定量研究层面认识到本区孕灾环境的大概空间分布情况和特征。发现灾害点密度对孕灾环境敏感，在人类尚不十分清楚崩塌地质灾害产生机理的情况下，将它作为孕灾环境评价的一项指标较能说明一些问题。从实际研究情况来看，灾害点密度可作为衡量孕灾环境的一项重要指标，也就是说某一区域灾害点越集中孕灾环境就越复杂。

第三，为了得到各项指标因子对区域崩塌灾害的贡献率，根据《技术要求》确定崩塌灾害易发性评价指标，同时选择了信息量法获得了相关数据层，然后对各指标信息量图层进行加权叠加，得到了 S3K 段公路边坡易发性的空间分布图和相关数据。

第四，在孕灾环境、易发性的研究基础上，对区内崩塌灾害分异性规律进行研究，发现长白县全域崩塌灾害主要受降雨影响。从数理分析层面，为 SD 模型的主控因子的确定提供了必要的支撑。

第五，回避了传统力学实验方法对边坡稳定性的判别，根据玄武岩区域的特点，从工程地质学的角度，对照矿学中的铁染异常进行重新解释，即在岩体裂隙发育的地区，因受水渗等影响，岩体表面的铁质薄膜就会相应发育。在参考相关文献的基础上，认为这种附着在岩体表面上的铁质薄膜会随着边坡岩体碎裂物的迁移而发生变化，即在卫星遥感影像上会存在光谱信息的改变。基于这种思想，选择了不同时间序列的 Landsat8 遥感影像数据，使用主成分分析法所获得的 DN 值对边坡的破碎程度进行划分，然后通过 ANN-CA，模拟研究了边坡的稳定性，从定量的层面获得了每一格网内边坡的稳定状况，通过野外调查的手段讨论了方法的可靠性。利用这种思想对玄武岩区域边坡的稳定性进行评估，具有一定的创新性，可为相关研究人员提供参考。

总之，对崩塌灾害的孕灾环境、易发性、分异规律和边坡稳定性的研究，所取得的相关成果为确立适合本区崩塌灾害系统的边界，建立回路图、流量图提供了必要的依据，为实现 SD 模拟打下了必要的基础。

第四章　因果回路和存量流量图的构建

　　地质灾害系统本身的复杂性，造成了它的风险产生的因素之间亦存在着复杂的关系。如果对各要素逐一考虑，就会将许多并非重要的影响因子也纳入模型当中，这样势必会造成模型十分庞大，陶在朴（2018）在对 SD 建模的方法中指出，模型是否适用和模型是否复杂或庞大是没有直接关系的。由于目前人类关于崩塌灾害的认知以及思维能力具有局限性，很难构建出一个无所不包的风险评估模型。确定系统边界是建模前的必要步骤，也是必须要明确的。

　　钟永光等（2016）指出确定系统边界的一般原则：先选择有关的状态变量并将状态变量确定的载体进行归类、排列，确定所需要的变量是受哪些状态变量控制的，若发现一个新的状态变量在起作用，就需要将其纳入所属的类别中，并继续跟踪它所依靠的自变量。在 SD 中状态变量有动态和静态之分，前者随时间的推移而变化，后者则与时间因素无关。一个模型中往往会出现许多不同种类的状态变量，因而须确定起主导作用的状态变量。此外，建模时需要根据模型要解决的问题和目的谨慎处理和选择变量，因为现实中有许多变量是很难度量的，所以在确定模型之前就要清楚所选择的变量是可量化的，否则模型构思得再好也很难实现。因此，本章从崩塌事件开始循环渐进地分析风险动力学机制，以便确立系统边界和建立模型。

一、崩塌灾害风险形成机理

　　虽然"四要素"理论已明确了自然灾害风险的构成，但是系统内诸多因素存在何种关系则需要进一步分析和探索。这样才能不脱离现实去设计模型。

　　（一）崩塌灾害风险动力学过程

　　崩塌地质灾害风险评估是研究某一地区在某一时间内边坡可能发生了哪些变

异、活动强度以及这种变异对人类生命或财产经济破坏影响程度的可能性有多大。边坡崩塌是自然或人为因素共同作用的，当承灾体暴露于孕灾环境中，且在承灾体脆弱性（或易损性）一定的条件下才可能产生灾害风险。

从 SD 角度可以这样解释风险动力学过程：假设风险是由 SD 中各时间的参数量决定和控制，那么它在系统中会动态地表征出不均衡性，也就是说，风险会随着时间的推移不停地波动，这是因为系统中的存量吸收了流入量和流出量的差异所造成的。例如，在系统中流入量与流出量相同的情况下，则存量处于平衡状态，即风险是不会随着时间的推移而改变的。其实平衡是一种理想状态，在现实的自然环境中是不大可能发生的，人们所看到的平衡状态只是暂时的"静止"，其系统内部却在不停地发生着量变，当量变不断积累就会引起质变。当崩塌体在质变过程中，暴露在环境中的承灾体无法抗拒崩塌事件的情况下，从而可能引起生命或财产安全损失的时候，崩塌风险即可产生。

关于崩塌灾害风险的形成可以这样理解，即当孕灾环境中各项指标因子在进行能量交换的过程中，不断地对岩土体边坡进行着影响，如冻融、降雨、人工切坡等，从而导致边坡岩体的结构发生变化，力学性能随其在不断地降低，这种过程就是崩塌体灾害危险性产生的过程，最终产生崩塌事件。当暴露在该环境中的承灾体，如道路，超出了其抗灾能力，很有可能就会产生经济损失；当主体人暴露在该突发事件中，就可能危及生命安全，这便是崩塌灾害风险形成的动力学过程（见图 4-1）。不难看出崩塌地质灾害风险的产生不仅具有空间特征，而且具有时间特征，可将这种时间特征认为是受气象、人的出行活动等影响或控制的。进一步来看，崩塌灾害时空特征的内涵包括它发生的概率、发灾时间段、特定的区域和它的量级。

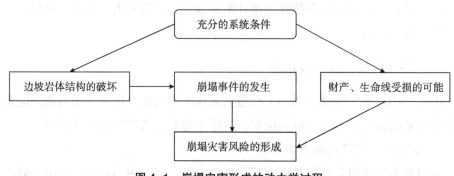

图 4-1 崩塌灾害形成的动力学过程

如把全年分为干燥期、湿润期和冻融期，则边坡松散岩土体物质迁移的变化情况可以这样表述，即处在干燥期内边坡岩体的松散物质的迁移应是十分缓慢似静止的蠕变过程，冻融期比干燥期变化稍微强烈，湿润期变化最强，如表 4-1 所示。有了这样的认识，就为系统建模提供了一种逻辑依据，即随着全年月份的变化，风险系统变化也要满足这样的过程，只有满足现实的模型才能达到目的，这种逻辑也是 SD 研究人员检验系统行为的一种可行而又常用的方法。

表 4-1　边坡物质迁移在各时期内可能的表现

干燥期	湿润期	冻融期
1、2、10、11、12月	5、6、7、8、9月	3、4月

既然崩塌地质灾害风险具有时空特征，不妨将造成这种特征的原因归属为边坡在各季节环境中的表层松散物质迁移。在自然灾害风险理论中，清楚明了地体现了人或财产损失的问题，它们归属于承灾体范畴，那么就很难绕开它的暴露性和脆弱性这两大因素。其实暴露性是指在该事件影响范围内的承灾体的量，包括可能受到损害的人、财、物、经济活动、公共服务和其他因素。脆弱性是用来描述承灾体抵抗崩塌事件对其造成损害的潜在能力，是承灾体对灾害的暴露程度、敏感性等，是区域孕灾环境与人类活动相互作用的产物。

综上所述，在崩塌灾害风险的形成过程中，离不开承灾体和致灾因子。针对崩塌地质灾害，在短时期内，关于它的风险动力学评估模型就需要研究它在不同时期内的危险性、承灾体的暴露和脆弱性，以及防灾减灾能力，需要从自然灾害风险的本质内涵中的自然子系统和人文子系统展开。

（二）崩塌灾害风险中的两大子系统

王劲峰等（1993）将灾害系统划分为实体与过程两部分，强调了灾害的过程。Shi 等（2020）指出孕灾环境是事件发生的前提，灾害是必要条件，社会经济暴露是充分条件。从"四要素"理论角度来看，构成崩塌灾害系统的主要内涵是孕灾环境、风险源和承灾体。孕灾环境中的各项因子，如降雨、坡度、坡向、植被、岩性、岩层倾向、水系、人类活动强度等，组成了崩塌灾害形成的条件。当孕灾环境具备的情况下，不一定产生风险，还需要风险源的必要条件，就是同时要具备灾变的要素，包括灾变的强度、等级、规模、承灾范围等。在学术界中对脆弱性和防灾减灾能力的研究是以承灾体为对象展开的。很显然，孕灾环境是自然系统和人文系统所构成的，这两大系统是在不停地进行相互作用和能量交换，当这种交换达到承灾体抗灾临界极限时，就构成了风险系统，图 4-2 列出了崩塌灾害风险系统的内涵。在后续研究中，还需要对其进行详细展开。

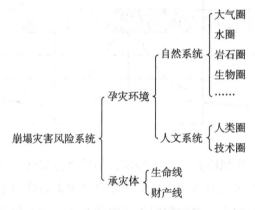

图 4-2　崩塌灾害风险系统构成内涵

1. 自然子系统

边坡崩塌是岩土体重力侵蚀的一种类型，统属水土流失的范畴，在我国引起土壤侵蚀的外营力主要有水力、风力、重力、温度（能引起冻融、冻胀作用，从而产生作用力），以及水力和重力的综合作用等（张洪江、王礼先，1997）。上文已经从崩塌灾害的成灾的自然属性方向解释了地形地貌、植被、水文等对其影响的机理，也明确了诱发本区崩塌灾害的主要诱因是降雨，同时许多研究也表明降雨是崩滑流的主要诱发因素（Do et al.，2022；张春山等，2006）。那么，就可以这样认为，崩塌是降雨引起了边坡重力侵蚀所致的灾害。崩塌是水土流失范畴中的一个分支，是水土流失的一种特殊状态，在灾害学中将这种水土流失称为崩塌而已，这是无须争辩的事实（Wischmeier and Smith，1978）。一般来说，某一边坡重力侵蚀量越大，暗含的信息就是灾变强度的增加，边坡的稳定性就越差，危险性就越高。根据重力侵蚀的过程和主要影响因素构思因果回路如图 4-3 所示。

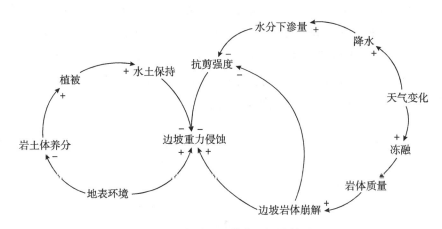

图 4-3 自然子系统主要因果关系

2. 人文子系统

自然灾害脱离了人类社会环境也就不存在了,但人文子系统具有一定的复杂性,根据灾害"四要素"理论,在一定的时间内,不考虑主体人(或群体)的行为时,则脆弱性和暴露性是相对稳定的,如建筑物、道路(或公路)的暴露和脆弱性不大可能在短时间内发生较大的变化,除非发生了不可预测的其他突发事件,如战争、火山爆发、地震等。

在对暴露性和脆弱性的数值表示上,一般选择所研究地区的人口密度、经济或财产价值密度等,它的内涵是当人口密度、经济或财产密度越高,可能遭受的灾害损失就越大。一般来说,短时期内一个区域的人口、经济密度等不会有太大的变化。同时防灾减灾能力在风险中也显得十分重要,因为它会影响到脆弱性和暴露性,如人的防灾意识加强,就会有意识地减少在风险源中的暴露量;减灾工程措施得到提高,就会提升承灾体抵抗风险的能力,脆弱性随之降低。所以,人文子系统是需重点围绕防灾减灾能力展开分析和研究。防灾减灾能力的强弱取决于对灾害的预防、应急、灾后恢复、人对灾害的意识(宋超等,2007),是以人类为主导的,是通过人类自身来预防或抵抗灾害所采取的活动方式。

既然灾害风险离不开人类社会,那么在本次系统建模前就要明确两个基本状态变量,即区内人口数和 GDP,因为只有明确了这两项变量,才能够由此衍生出相关的内生变量，如人口密度、人口结构（男女比例、老龄化人口、城镇人口比例等）、人口质量（受教育程度、高科技人才数量等）、人口自然增长率、人均GDP（张峰，2019），人类活动强度等。脆弱性也随之在此子系统中得以解决，脆弱性 = 敏感性 × 防灾减灾能力（高超等，2018）。有了这样的理解方式就可以通过 SD 确定人文子系统。针对研究对象，结合 S3K 段公路的人文环境，本次只认为受灾人口为区内总人口，可能受损财产只有公路，不考虑外来旅游人口等。其系统的主要因子的因果关系如图 4-4 所示。

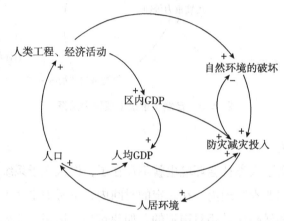

图 4-4　人文子系统因果关系

二、传统静态指标体系到 SD 模型参数的转变

通过上文的论述，清楚了本次系统边界的情况，就是以降雨引起的边坡的变异强度为根本，以防灾减灾能力为主线，兼顾脆弱性和暴露性建立模型。因为在SD 模型中，追求的是动态行为问题，需要通过时间模拟所关心某种问题的演变或变化情况，不仅需要参考模式还需要相关的模型参数。

如何确定 SD 模型的参数，则需要从传统的斜坡灾害风险评价指标体系中进行信息挖掘。为便于说明问题，不妨将传统的斜坡灾害风险评价指标体系称为"静态指标体系"。从静态指标体系着手，找出所需的 SD 模型的参数是一条科学而又捷径的道路。关于风险的整体动态逻辑参考模式已在上文的论述中得到了体现，是边坡崩塌灾害风险的变化会随着时间的推移在周期波动。本部分主要介绍静态指标如何转变到 SD 模型参数的。

（一）传统的静态指标体系

从"四要素"理论出发，灾害风险是由危险性、脆弱性、暴露性和防灾减灾能力共同作用的结果，所以关于传统的崩塌致灾因子风险评价指标体系，从这四个方面分类描述比较合理。

1.危险性指标

罗元华等（1998）指出，地质灾害的危险性是其自然属性的体现，核心要素是它的活动程度，并将崩塌地质灾害的形成条件分为基础和外界两大类。从基础条件上，地形地貌因素为崩塌的产生提供了能量转换条件，也就是说，地形地貌在很大程度上决定了斜坡的应力和稳定性。一般情况下地形高差越大，则崩塌越发育，有研究显示崩塌多发生在坡度大于 40° 以上的区域（吕镁娜，2020；范可等，2019；李源亮等，2016）。另外，松散的岩土体是崩塌产生的物质条件，它主要是由于边坡岩体在复杂的自然环境下逐渐风化所致，然而岩土体结构类型、岩性、节理、风化剥蚀强度对其形成又有着决定性作用。边坡岩体坚硬、结构完整、抗剪强度大则不容易发生崩塌；相反岩性松软，结构不完整，特别是裂隙发育，岩土体中存在软弱夹层时，容易失稳变形，从而发生崩塌。

综上所述，假设在不考虑地震、火山等特殊地质活动的情况下，参考其他学者关于崩塌危险性及其相关的研究成果（吴亚子，2005；Zhou et al.，2022；Mignelli et al.，2012；Zhang et al.，2022），崩塌灾害危险性基础条件指标主要包括地形地貌、岩土体结构、植被条件、地质构造、地表形态等；外界条件指标主要包括人类活动强度、降雨量等，如图 4-5 所示。

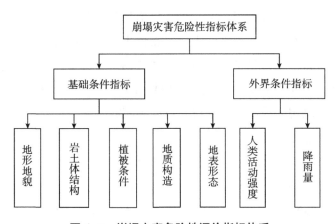

图 4-5　崩塌灾害危险性评价指标体系

2. 脆弱性指标

脆弱性指标是围绕致灾因子展开的，致灾因子不同，其脆弱性指标的选择也存在着差异；同一致灾因子，在不同的区域其脆弱性指标的选择也不相同，需视具体的情况而定，但是不外乎生命类指标、物质类指标、生态环境类指标和社会经济指标四大类。针对公路边坡崩塌地质灾害的脆弱性一般由生命和物质两类指标组成，前者主要有区域内人口密度指数、人口聚集程度、人口体能指数、人的自救能力等；后者主要包含建筑物密度、灾害点密度、经济密度等，如图4-6所示。需要说明的是用于评估脆弱性的指标，往往又和防灾减灾能力存在某种关系，如人的自救能力，它与人的防灾意识存在联系。所以有些指标不好归并总结，不妨将其纳入脆弱性指标体系。

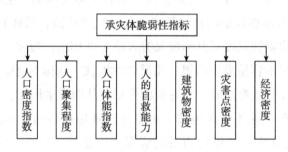

图4-6 承灾体脆弱性指标体系

3. 暴露性指标

暴露性是脆弱性的表现形式，对自然灾害风险而言，暴露性越大，其造成的风险也可能越大。衡量其指标有数量型和价值量型之分。对于公路边坡崩塌灾害主要有人口暴露性和经济暴露性。人口暴露性主要是可能暴露在致灾因子的人口的数量，经济暴露性主要是指灾点对工程建筑物威胁的量，如对公路、民房的威胁。在量纲上，对于面状数据承灾体一般用面积单位，线状承灾体用长度单位，也有的承灾体可以用个数统计，如房屋可以用间数。

4. 防灾减灾能力指标

防灾减灾能力的强弱主要取决于对灾害的预防、应急、灾后恢复，同时也与受灾人群对灾害的意识有关（宋超等，2007）。在危险性、暴露性和脆弱性一定的情况下，防灾减灾能力越强，则所针对的灾害风险可能性就越小。其实，防灾减灾能力也是相对于承灾体而言的，当防灾减灾缺少的情况下，则承灾体的脆弱性强，所以对防灾减灾能力的衡量指标离不开承灾体，因为防灾减灾的服务对象就是承灾体，以便减少或降低灾害对其造成的损失，因此依然离不开人和财产，所以相对应的指标也比较复杂，可分为基础应灾能力和专项应灾能力。基础应灾能力包括人力指数、财力指数、人的防灾意识、应急水平等；专项应灾防灾能力包括预警能力、工程抗灾能力指标等（见图4-7）。其中财力指数对区域内防灾减灾能力起到关键作用，因为当一个地区的经济实力越强，就会投入更多的资金加强当地自然灾害风险的防范，所以对应的防灾能力就越强。

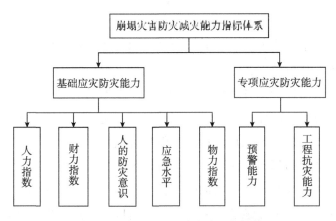

图4-7 崩塌灾害防灾减灾能力指标体系

（二）SD 模型参数的确定

将危险性、脆弱性、暴露性和防灾减灾能力分开讨论和计算，最后进行风险评价，这样的研究过程不仅缺少了各项指标间的相互联系，也很难综合体现系统机理。此外，若将这些因子全部选入到 SD 模型中，是非常困难的，也不现实，因为有些因子很难量化，有些因子又很难获取，有些又很难找出其间的函数关系，所以从数据的可获得性、指标量化的可行性出发，突出主导性的原则进行指标的筛选。为了实现模型，因此需对静态指标做必要的科学变动。

1. SD 危险性的主要参数的确定

刘传正（2014）在关于我国崩塌地质灾害成因的研究中指出，地质灾害是多因素促成的，但一般存在一个主导因素或激发条件，并且认为诱发因素是地质体运动边界条件、初始条件和激发条件。这为 SD 建模过程中关于主控因子的确定提供了明确的方向。上文的研究已经表明了引起本区崩塌灾害发生的主要原因是降雨。我国 2020 年颁布的《技术要求》指出，地质灾害的危险性是按照易发性叠加降雨量计算得到的。其易发性指标在《技术要求》中给予了详细的介绍，但是该项要求是为全国各项目作业单位提供的一种解决方案、作业过程和方法，并未解释为什么要这样做，也未显示内部的机理问题。

结合关于崩塌灾害的机理的论述，在相关的研究观点和成果（Wei et al.，2022；卡森、柯克拜，1984；张洪江、王礼先，1997）的基础上，进一步明确边坡崩塌的内部机理：是降雨导致了边坡重力侵蚀，如边坡不存在这种侵蚀，即使雨量再大，也不会存在崩塌灾害，这样来看，雨量的大小与边坡的崩塌无直接的关系，而是因附着在边坡表层松散的岩土体，在降雨形成的水力的作用下发生了物质迁移所致。在一定的时间内物质迁移量越大，则边坡的形态变异强度就越大，前面提到这种强度就是危险性。在本书的研究中，仔细思考了人类工程活动对边坡的破坏程度，最终将其舍去，这是因为 S3K 段公路早已竣工通车运行，已经形成了人工自然边坡，就是说它确实是由于人的工程活动形成的，但是已经又回归到大自然环境中，短期内本区也不可能有大规模的规划修路建设工程，所以人类破坏边坡的强度就已经通过能量转化的方式，表现为在自然环境下的边坡重力侵蚀和不稳定性了，所以在对危险性动态学衡量参数中将稳定性加入。这是因为重力侵蚀量只是衡量危险性的一项重要参数，还不能完全代表边坡的稳定程度，只能说重力侵蚀量大的区域，能反映边坡的危险性，但是危险性是变异的强度，还与孕灾环境、边坡稳定性、易发性存在某种数理关系。

基于上述分析，从 SD 思想的角度，在建模之前就不能照搬传统的静态指标，如直接选择地形地貌、岩土体结构、植被条件、地质构造、降雨量等因子，这样不仅很难找到各因子之间的相互关系，或即便找到相互关系也不好对其量化等，会产生多种"瓶颈"，可能会使研究过程变得艰难，为了避免这种不良的情况发生，在危险性中引入边坡的重力侵蚀参数，即由降雨引起了重力侵蚀，再加入孕灾环境、易发性和稳定性的内容，才能使危险性具有科学、合理的动力学变化特征，达到符合系统动力学模拟的目的。

2.脆弱性与暴露性参数的确定

在现实的环境中，危险性、脆弱性、暴露性和防灾减灾能力的各项指标相互之间存在着千丝万缕的联系。葛全胜等（2008）认为承灾体是自然、社会、经济和环境等因素的作用所表现出来的物理暴露性，是应对外部打击的固有敏感性与承灾体相伴生的人类抗风险的能力；所谓的敏感性就是指承灾体接受一定强度打击后受到损失的容易程度，是承灾体本身的物理特性；人类抗风险的能力则是区域内人类社会为保障承灾体免受、少受某种灾害带来的威胁所采取的基础及专项防备措施力度的大小。据此，承灾体的脆弱性的组成结构可以认为是抗风险能力、灾损敏感性和物理暴露性所组成的，如图4-8所示。

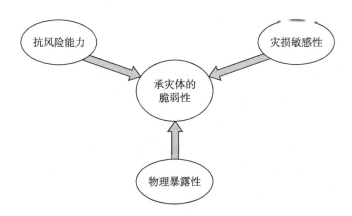

图 4-8　承灾体脆弱性组成结构

由于承灾体的灾损敏感性是承灾体本身的物理特性决定的，不同的致灾因子对同一承灾体的敏感性表现的结果是不一样的。例如，洪涝对房屋的损坏是浸泡，洪水对房屋的损害是冲，低温冷害对农作物的损害是冻，蝗虫对农作物的损害是啃食等。所以，不能脱离致灾因子单独地去谈灾损的敏感性，且防灾减灾能力是为了降低承灾体的易损性，其值越大，则承灾体就越不容易遭到破坏，即易损性的值就越小。所以，有关学者通过防灾能力与敏感性的乘积表示脆弱性是有道理的，但是针对模型则需要对该等式进行加工，以 SD 函数进行表示，因为通过数学数值的方式表示防灾能力，一般的数理逻辑思维是其值越大则防灾能力就越强，假如敏感性一定，如果通过这种方式计算，就会得到脆弱性的值随之增加，这显然与事实相违背。

公路崩塌边坡承灾体敏感性指标的选取主要有区域人口密度、区域人口体能指数、公路敏感性指数三项参数。其中人口密度表示的含义是区域内人口密度越大，崩塌灾害发生时所造成的损失可能就越大；人口体能指数表示在崩塌灾害突发时，各年龄段所表现出的逃生速度效率的不同，一般来说老年人和幼儿体能较弱，不容易逃生；公路敏感性指数表示不同的公路等级在崩塌发生时表现的灾损是不一样的，关于其值域范围的确定，是在前人研究的基础上（Li et al.，2010），确定在 0~1 且无量纲表示。

通过参考暴露性的内涵的解释，即当灾害发生时位于致灾事件范围内且受影响的承灾体，重点突出了暴露在事件中人的生命或经济。仔细对本区进行研究，发现承灾体是具有时空特性的，并不像其他致灾因子那样，暴露性表现为相对固定的值，如特定时期内的农作物的低温冷害，农作物的暴露量可能是一项固定的值。但是对于本区而言，有所不同，如受自然环境的影响，每年在入冬以后居民基本在家，很少外出作业，所以人口的暴露量受区域自然环境影响，一般 4~10 月是当地人户外活动比较活跃的时间段。此外，暴露性又可分为直接暴露和间接暴露，前者容易理解，后者反映承灾体之间的相互依存关系，可能因致灾事件发生而牵连到的损失，如边坡崩塌，会阻断道路，间接影响到经济，所以间接暴露的承灾体不一定位于灾区，可能还会存在部分抽象的内容。所以，对公路边坡崩塌灾害而言，人口暴露在致灾因子中的人口数量可以通过月份区域内人的户外活动强度表现出来，应是一个动态的参数，随着季节在变化。经济的暴露性表现为区域经济密度和公路的暴露，关于公路的暴露性，张茂省和唐亚明（2008）认为公路为固定的承灾体，概率应设置为 1，经济暴露性以区域经济密度指数进行表示比较合适。

3. 防灾减灾能力参数的确定

防灾减灾能力指标主要选择了区域内人的自救能力指数，人均 GDP、区域疏散脆弱性指数以及区域经济密度；自救能力直接反映的是人面对崩塌突发时的应急处理能力。人均 GDP 可以理解为：人均 GDP 越高，区域内人的生活水平越高，则获取的防灾信息越快，防灾意识越强等，就是说当其值越大，则抗风险能力就越强，反之亦然。区域经济反映的是区域内整体抗灾水平，一般区域内经济条件越好，应急反应就越好，如崩塌灾害突发时，伤者可以及时得到治疗以免生命的不测等，有力地减少灾害对生命的危害。

将各项参数进行分类，按内生变量、外生变量以及被排除在外的变量进行划分（见表4-2），以便更加明了地将模型的边界进行细化。所谓内生变量就是通过模型中变量和因素的交互作用产生系统的动态，外生变量就是模型边界以外的系统产生的，就是建模者用其他假定的变量解释自己关心的变量动态；外生变量是由外部条件输入的，完全不可控，且与系统内因不进行交互。

表 4-2　S3K 段崩塌地质灾害风险评价 SD 模型变量分类

内生变量		外生变量	被排除在外的变量
区域人口密度	防灾减灾能力	降雨量	人类活动强度
区域人口体能指数	人心理作用	GDP	
区域经济密度指数	政府投入动力系数	人口数量	
区内人的自救指数	防灾减灾工程资金投入		
人均 GDP	边坡改善程度		
人的活动暴露	边坡保护因子		
人口体能指数	边坡侵蚀变化率		
人口密度	边坡侵蚀变化量		
老年人口	边坡侵蚀累积量		
少年人口	月份边坡侵蚀量		
敏感性	孕灾环境复杂程度		
脆弱性	边坡稳定性		
科技人员数量	易发性		
科教投入	危险性		
防灾教育人数	暴露性		
防灾宣传力度	崩塌地质灾害风险		
防灾意识			

这里需要说明的是，虽然经济的发展、人口数量、降雨量等具有时空特征，但是研究的对象是灾害风险，至于经济的发展、人口数量的发展和制约因素不在

研究范围内，因此作为外生变量进行考虑，其变量的值则是通过相关模型计算所得。

三、因果回路图的构建

根据自然子系统与人文子系统因果回路示意图以及崩塌地质灾害风险构成的理论本质，即它是一个内部结构多元化的自然和人文系统的综合，不能从单方面、单层次孤立地去考虑问题，如忽略崩塌地质灾害风险评价系统整体性及其内在关联的复杂性，就会影响 SD 在研究中的实际意义。本区公路边坡崩塌灾害点集聚，危险性强，这已是事实。多年来，地方政府对防灾减灾的工程治理投入较大；在防灾减灾教育方面，通过宣传、演练等方式在各乡镇均有效地全面展开。

在公路边坡的崩塌防灾减灾能力评估领域，前人的相关成果表明了它与当地的经济条件、人口素质、政府的宣传教育力度、边坡工程治理改善程度等诸多因素密切相关。一般来说，区域内人的防灾意识、财力、应急水平、灾害预警能力越好，其防灾减灾能力就越强；防灾减灾能力又会影响到承灾体的脆弱性，比如：人的防灾意识加强，就会主动避灾，雨季减少出行；边坡得到有效的治理，则人类社会抵抗灾害的能力就越强。一个地区的财力越好，就会增加对防灾减灾的投入，科技人员和受教育的群众就得到提高，这样会增强防灾减灾能力。对于公路边坡承灾体的脆弱性，主要表现为灾点能影响到的人、公路或建筑物，一般情况下特定的区域在短时期内，公路基本不大可能存在较大规模的修建，其民房建筑物等也不大可能存在较大的改造或建设，所以它应是一个相对固定的值，那么人口的密集程度或在本区内活动的暴露程度、经济密集度等是系统需要考虑的重点要素。本区属于寒区，11月中旬入冬到次年的3月，天气十分寒冷，人的户外出行或工程活动基本表现为"静止"状态，所以暴露在灾害点内的人就显得非常少，在正常情况下，此时间段范围内强降雨也不存在，边坡岩体在低温下处于冻结状态，危险性显得很弱。

综合考虑，构建因果反馈回路（见图4-9），主要包括以下十个方面。在文字描述中以"↓"表示当前变量的减小、减少或者降低等负反馈效应；"↑"表示当前变量增加、提高等正向反馈效应；"→"表示前面变量会导致后面变量的变化。

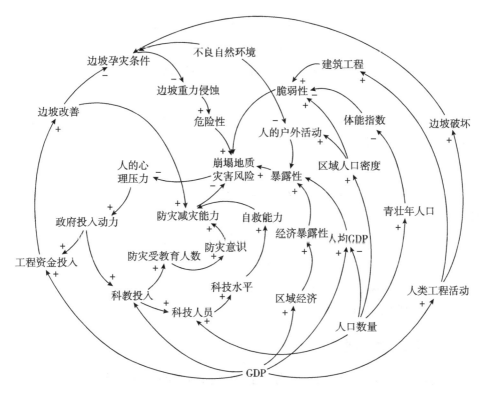

图 4-9　S3K 段公路边坡崩塌地质灾害风险因果回路

（1）危险性因果关系：崩塌地质灾害危险性（↑）→风险（↑）→人的心理压力（↑）→政府投入动力（↑）→工程资金投入（↑）→边坡改善（↑）→边坡重力侵蚀（↓）→崩塌灾害危险性（↓）。

（2）防灾减灾能力因果关系 1：防灾减灾能力（↑）→崩塌地质风险（↓）→人的心理压力（↓）→政府投入动力（↓）→边坡改善（↓）→防灾减灾能力（↓）。

（3）防灾减灾能力因果关系 2：防灾减灾能力（↑）→风险（↓）→人的心理压力（↓）→政府投入动力（↓）→科教投入（↓）→防灾受教育人数（↓）→防灾意识（↓）→防灾减灾能力（↓）。

（4）不良的自然环境引起的因果关系：不良的自然环境（↑）→边坡孕灾条件（↑）→边坡重力侵蚀（↑）→危险性（↑）→风险（↑）→人的心理压力（↑）→政府投入动力（↑）→边坡改善（↑）→边坡孕灾条件（↓）→危险性（↓）。

（5）不良的自然环境引起的因果关系：不良的自然环境（↑）→人的户外活动（↓）→人的暴露性（↓）→风险（↓）。

（6）GDP 引起的因果关系 1：GDP（↑）→区域经济（↑）→经济的暴露性（↑）→风险（↑）。

（7）GDP 引起的因果关系 2：GDP（↑）→人均 GDP（↑）→人的经济暴露性（↑）→风险（↑）。

（8）GDP 引起的因果关系 3：GDP（↑）→人的工程活动（↑）→边坡破坏（↑）→边坡孕灾条件（↑）→边坡重力侵蚀（↑）→危险性（↑）→风险（↑）。

（9）GDP 引起的因果关系 4：GDP（↑）→科教投入（↑）→防灾受教育人数（↑）→防灾意识（↑）→防灾减灾能力（↑）→风险（↓）。

（10）人口数量引起的因果关系：人口数量（↑）→人均 GDP（↑）→暴露性（↑）→风险（↑）。

四、存量流量图的建立

从崩塌灾害风险形成的机理分析到因果回路图的建立，依然不能称作真正的系统，只是达到对崩塌灾害风险评估 SD 结构的了解，尚不能达到研究的目的。还需要对系统边界内的变量进行区别，在因果回路图的基础上建立存量流量图，完成各变量之间的数学关系，使模型从虚到实的转变，达到模拟的目的方能成功。

系统的存量流量图是在因果回路图的基础上对研究的目标系统更加详细的描述，它既能反映系统的逻辑关系，又能明确各变量之间的数学关系，进而达到研究目的。根据因果回路的结构以及崩塌地质灾害风险理论的介绍，本部分需要确立速率变量、状态变量等。

从研究可行性出发，虽然在因果回路图中提及 GDP 的增加或减少最终会影响到灾害风险，但是针对本段公路，GDP 的变化如何对它的风险产生影响，及其他延伸出来的各变量的函数关系并不太容易确定，所以根据因果回路并结合实际情况，对其进行了略微简化。最终，本次速率变量主要选择边坡重力侵蚀累积量、人的心理作用、防灾减灾工程投入、GDP、科技人员、人口数量六种，因此整个系统是一个六阶的复杂系统。根据各状态变量的含义，确定对应的速率变量，分别是边坡侵蚀变化量、心理压力增加量和心理压力释放量、防灾减灾工程投入增加量和减少量、GDP 增加量、科技人员增加量、人口出生量和死亡量等。系统流图的基本架构如图 4-10 所示。

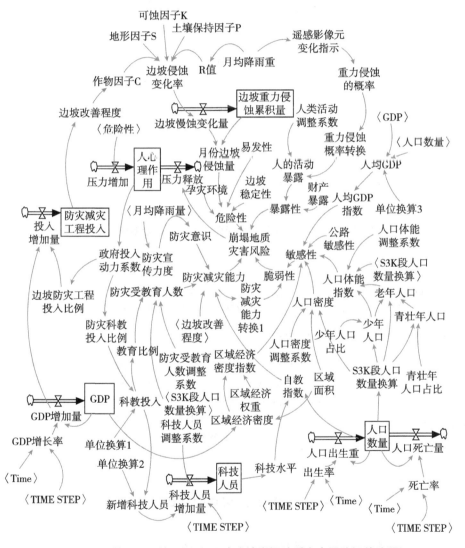

图 4-10　基于 SD 的 S3K 段公路边坡崩塌地质灾害风险评价流图

从上述的因果关系可以看出，系统的主要回路由不良的自然环境控制，尽管上述利用每个箭头表现了各量之间的相关关系，但是依然不够直观明了，通过

Vensim 原因树工具生成了更加直观的表述形式，如图 4-11、图 4-12 所示。

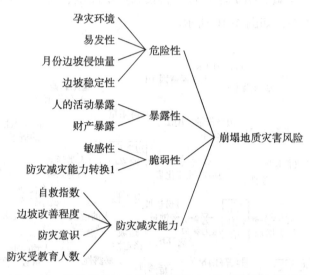

图 4-11 S3K 段公路边坡崩塌地质灾害风险系统树结构

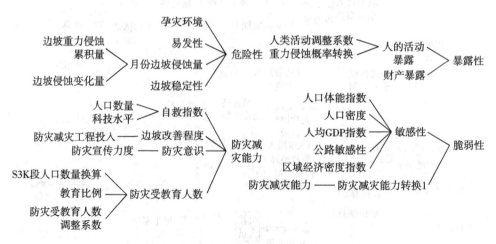

图 4-12 崩塌地质灾害风险"四要素"树结构

现对危险性流图做重点解释和说明。本书多次提到它是衡量边坡变异强度的量。有关研究成果对危险性的量化是按孕灾环境与致灾因子的综合强度进行综合的，其中综合强度是多因素非线性的数学决策问题，它是通过选择能衡量变异强度的指标因子进行一种较为复杂的数学计算而取得的。本书是在这种理论基础上进行了优化，当孕灾环境一定，其变异强度是通过重力侵蚀量、易发性和边坡稳定性共同作用表现，从 SD 层面应避免直接使用静态指标（如人类工程活动强度、降雨、地震等），因为相关的静态指标对边坡岩体最终的影响，一般会从岩体遥感影像光谱上得到体现，所以将其演变为稳定性参数。同时，保留易发性参数，这是因为它是将影响边坡崩塌各因子贡献率计算叠加所得，是用于衡量发生崩塌灾害的容易程度的，这正是传统静态指标所要表示的内涵，由于是静态行为，以稳定性参数进行表示较符合逻辑。孕灾环境则是一种表达崩塌致灾因子形成的条件，并不足以完全说明具有危险性，只是能反映崩塌孕灾环境。所以，最终将孕灾环境、易发性、稳定性和重力侵蚀量放在一起进行综合考虑。

本章小结

　　本章从 SD 系统边界的概念入手，从论述崩塌事件的形成过程、崩塌灾害风险动力过程两个方面把握了崩塌灾害的机理和风险系统的构成。然后，从自然灾害风险评价的静态指标进行叙述，从可行性的角度，且又不偏离崩塌灾害机理的方向，详细地介绍了关于从传统的静态指标体系到 SD 参数的转变思想。在此基础上建立崩塌灾害风险评价因果回路图，同时建立了存量流量图，为第五章的模型实现做好了铺垫。

第五章 SD 模型的实现与风险评估

本书第四章已经确立了系统边界、因果回路图，并绘制了存量流量图，描述了崩塌地质灾害风险评价系统的逻辑关系和系统的基本架构，但是模型中的各项参数值还没有确定下来，还不能表达变量之间的计量关系，不能定量地描述系统的动态过程。胡玉奎（1984）指出，我们生活的社会系统，从本质上说是缺乏数据的系统，关于系统行为的数据无论如何收集，都是不完整的。因此，本章从有限的数据集中获取动力行为机理的参数数据，从而达到利用 SD 法对研究区域的崩塌灾害风险进行评估。在研究过程中紧扣影响崩塌灾害风险的内部因素和外部因素，对防灾减灾能力、暴露性、危险性、脆弱性的相关参数分别进行确定，使其形成一个互相作用的整体。模型中对看似很好的指标，但是从现实中却很难获取其值的，尽可能科学地避免或者替代。比如，从人的心理存量流量图中，避免了采用大范围的科研实验投入，而选择追求其逻辑一致性。

一、重要参数值的确定

（一）人口数据

1. 区域总人口

一个地区的人口是由流入人口与流出人口共同组成的。实际上，对人口数量的模拟，理应考虑当地的经济、交通、自然环境等诸多因素；但是，因资料的缺失以及本区域的研究成果的匮乏，尚不清楚流入人口和流出人口与其自然环境、道路交通、经济情况等的相互关系，再者本书的目的是对灾害风险评估，而不是研究人口系统，所以对其进行简化，模型中未考虑上述各因子之间的相互作用。

通过收集长白朝鲜族自治县（以下简称长白县）人口统计数据（2000~2021 年）资料（见表 5-1），因为涉及对未来年份的地质灾害风险的预测估计，所以对人口数量进行定量化，在只考虑出生率与死亡率两项指标的情况下对其进行估计。

表 5-1 长白县人口统计数据

年份	人口数量（人）	出生率（‰）	死亡率（‰）	年份	人口数量（人）	出生率（‰）	死亡率（‰）
2000	85971	—	—	2011	85865	4.73	4.08
2001	85097	—	—	2012	85697	6.04	15.58
2002	85410	6.3		2013	83831	7.87	5.55
2003	85112	4.24	4.92	2014	82253	6.94	8.48
2004	—	6.6	4.9	2015	81502	5.98	8.48
2005	—	6.6	4.5	2016	79968	6.99	6.23
2006	—	4.03	4.38	2017	78985	7.29	13.7
2007	83576	4.95	4.2	2018	77969	5.29	6.8
2008	83616	5.53	5.03	2019	76745	5.04	9.93
2009	83756	6.43	4.02	2020	75497	4.20	10.5
2010	84764	6.11	4.70	2021	58266	5.80	6.90

选择 ARIMA 模型进行统计研究工作，因此需要确定自回归阶数 p，差分次数 d 和移动平均阶数 q，从而确定模型 ARIMA（p，d，q）。进行单位根检验（ADF 检验），如果存在单位根即数据不平稳，一般不能选择 ARMIA 模型。由表 5-2 可知，针对出生率 1（‰）（一阶差分），该时间序列数据 ADF 检验的 t 统计量为 −3.257，p 值为 0.074，1%、5%、10% 临界值分别为 −4.668、−3.731、−3.309。p=0.074 ＜ 0.1，因此有高于 90% 的把握拒绝原假设，此时序列平稳；针对出生率 2（‰）（二阶差分），该时间序列数据 ADF 检验的 t 统计量为 −2.818，p 值为 0.190，1%、5%、10% 临界值分别为 −4.884、−3.822、−3.359。p=0.190 ＞ 0.1，不能拒绝原假设，序列不平稳。

表 5-2 出生率 ADF 检验

差分阶数	t	p	临界值		
			1%	5%	10%
1	−3.257	0.074	−4.668	−3.731	−3.309

续表

差分阶数	t	p	临界值		
			1%	5%	10%
2	−2.818	0.190	−4.884	−3.822	−3.359

选择一阶差分进行人口出生率预测。同理对死亡率进行 ADF 检验（见表 5-3），可见，针对死亡率 1（‰）（一阶差分），该时间序列数据 ADF 检验的 t 统计量为 −3.306，p 值为 0.065，1%、5%、10% 临界值分别为 −4.799、−3.787、−3.340。p=0.065 < 0.1，有高于 90% 的把握拒绝原假设，此时序列平稳。针对死亡率 2（‰）（二阶差分），该时间序列数据 ADF 检验的 t 统计量为 −2.788，p 值为 0.201，1%、5%、10% 临界值分别为 −4.988、−3.865、−3.383。p=0.201 > 0.1，不能拒绝原假设，序列不平稳。

表 5-3　死亡率 ADF 检验

差分阶数	t	p	临界值		
			1%	5%	10%
1	−3.306	0.065	−4.799	−3.787	−3.340
2	−2.788	0.201	−4.988	−3.865	−3.383

根据上述分析，针对出生率和死亡率分析发现可以选择 ARIMA（1，1，1）进行预测，并对它们分别进行 Q 统计，如表 5-4 和表 5-5 所示。

表 5-4　出生率 Q 统计量

项	统计量	p 值
Q6	0.002	0.967
Q12	6.934	0.327
Q18	19.671	0.074
Q24	24.464	0.140

表 5-5　死亡率 Q 统计量

项	统计量	p 值
Q6	0.085	0.770
Q12	5.028	0.540
Q18	7.620	0.814

从表 5-4 可知，Q6 表示用于检验残差前 6 阶自相关系数是否满足白噪声，通常其对应 p 值大于 0.1，则说明满足白噪声检验（反之，则说明不是白噪声），通常情况下可直接针对 Q6 进行分析即可。从 Q 统计量结果来看，Q6 的 p 值大于 0.1，则在 0.1 的显著性水平下不能拒绝原假设，模型的残差是白噪声，模型基本满足要求。

由表 5-5 可知，从死亡率 Q 统计量的结果看，Q6 的 p 值大于 0.1，则在 0.1 的显著性水平下不能拒绝原假设，模型的残差是白噪声，模型基本满足要求。

根据对表 5-4 和表 5-5 的讨论，由 SPSSAu 确定出生率预测模型公式为 $y(t) = 0.009 + 0.238 \times y(t-1) - 1.000 \times \varepsilon(t-1)$；死亡率预测模型公式为 $y(t) = 0.353 - 0.370 \times y(t-1) - 1.000 \times \varepsilon(t-1)$，利用模型推算长白县 2022~2031 年出生率和死亡率，如表 5-6 所示。

表 5-6　2022~2031 年长白县出生率和死亡率推算

年份	出生率（‰）	死亡率（‰）	年份	出生率（‰）	死亡率（‰）
2022	5.898	11.957	2027	5.969	12.444
2023	5.928	10.569	2028	5.977	12.809
2024	5.941	11.567	2029	5.986	13.158
2025	5.951	11.682	2030	5.994	13.513
2026	5.960	12.123	2031	6.003	13.866

在人口流图中设计两个流量，一个是指向人口数量的增加量，另一个是指向外部的流出量，即死亡量，其 DYNAMO 方程表示如下：

人口数量 .K = L.J + DT × (人口增加量 .JK − 人口死亡量 .JK)

注：人口数量 .K 表示在 K 时到的人口数量是一个存量变量。LJ 代表 J 时刻的人口数量。DT 代表时间间隔。

2. 区域人口体能指数

根据葛全胜等所提出的式（5-1）进行计算：

$$人口体能指数 = 1 - \frac{少年人口 + 老年人口}{总人口} \times 100\% \qquad (5-1)$$

3. 自救指数

$$自救指数 = \frac{掌握自救能力的人口数}{区域总人口数} \times 100\% \qquad (5-2)$$

（二）科技人员

根据长白县人力资源和社会保障局 2012~2016 年工作规划，以及 2013~2031 年地方关于人才的粗略统计资料，形成科技人员统计表（见表 5-7）。

表 5-7　长白县 2013~2031 年人才规模统计

年份	专业人才	高技能人才	年份	专业人才	高技能人才
2013	3055	149	2023	4468	325
2014	3146	151	2024	4482	330
2015	3241	155	2025	4495	335
2016	3827	286	2026	4509	340
2017	3940	291	2027	4522	345
2018	4058	297	2028	4536	350
2019	4179	303	2029	4549	355
2020	4303	309	2030	4563	360
2021	4442	315	2031	4577	365
2022	4455	320	—		

注：高技能人才平均每年增加 5 人，专业技术人才增长速度为 3%。

资料来源：http://wza.changbai.gov.cn/esd/zwgk/zwdt/。

（三）区域 GDP

根据长白县 GDP 统计数据（2000~2021 年）资料，其中 2003 年、2020 年、2021 年数据缺失，所以 2003 年和 2020 年数据是根据白山市统计数据推算求得，2021 年根据长白县管委会统计数据计算所得，如表 5-8 所示。

表 5-8　长白县 2000~2021 年 GDP 数据统计

年份	GDP（亿元）	人均 GDP（元 / 人）	第三产业（亿元）	第二产业（亿元）	第一产业（亿元）
2000	8.18	9440	3.62	2.5	2.07
2001	9.08	10611	4.01	3.03	2.04
2002	8.49	9961	3.79	3.04	1.67
2003	9.18	10785	4.09	3.31	1.78
2004	9.9	11728	4.08	3.47	2.35
2005	8.61	10301	3.36	2.71	2.54
2006	10.58	12706	4.59	3.21	2.78
2007	13.17	15748	5.43	4.48	3.25
2008	13.77	16466	5.51	4.89	3.36
2009	17.4	20686	6.98	6.71	3.71
2010	23.63	27864	9.54	9.74	4.35
2011	29.02	33779	11.35	13.13	4.54
2012	34.32	40328	13.77	15.29	5.26
2013	38.03	45542	15.48	16.81	5.74
2014	37.13	45175	14.64	16.83	5.66
2015	38.67	47452	15.08	18.55	5.04
2016	41.65	51737	17.18	19.26	5.21
2017	44.81	54684	19.36	19.93	5.52
2018	45.11	57867	20.38	20.09	4.64
2019	33.96	46693	21.43	7.74	4.78
2020	25.47	33736	15.73	6.53	3.21
2021	26.95	46253	—	—	—

对 2022~2031 年的经济进行预测，参考相关研究成果（张媛媛，2022；张林泉，2010），认为 ARIMA 模型适合对 GDP 预测，所以选择 ARIMA 对 GDP 进行了统计研究工作，对其 ADF 进行检验，如表 5-9 所示。

表 5-9　长白县 GDP 年增长率 ADF 检验

差分阶数	t	p	临界值		
			1%	5%	10%
0	−2.907	0.045	−3.809	−3.022	−2.651

由表 5-9 可知，该时间序列数据 ADF 检验的 t 统计量为 −2.907，p 值为 0.045，1%、5%、10% 临界值分别为 −3.809、−3.022、−2.651。p=0.045 < 0.05，有高于 95% 的把握拒绝原假设，此时序列平稳。因此确定自回归阶数为 0，差分次数为 1 和移动平均阶数 1，从而确定模型 ARIMA（0，1，1）进行预测，所得的 Q 统计量如表 5-10 所示。

表 5-10　长白县 GDP 年增长率 Q 统计量

项	统计量	p 值
Q6	0.036	0.850
Q12	4.706	0.582
Q18	10.065	0.610
Q24	18.612	0.416

从表 5-10 可知，Q6 的 p 值为 0.850，其值大于 0.1，则在 0.1 的显著性水平下不能拒绝原假设，模型的残差是白噪声，模型基本满足要求，由 SPSSAu 确定模型表达式为 $y(t)=-0.348-0.601\times\varepsilon(t-1)$。从而得到本区 GDP 预测（见表 5-11）。

表 5-11　长白县 2022~2031 年 GDP 年变化预测

年份	GDP 年增长率（%）	年份	GDP 年增长率（%）
2022	−1.140	2027	−2.883

年份	GDP 年增长率（%）	年份	GDP 年增长率（%）
2023	−1.489	2028	−3.231
2024	−1.837	2029	−3.580
2025	−2.186	2030	−3.928
2026	−2.534	2031	−4.277

（四）防灾减灾投入

根据《吉林市人民政府办公厅关于转发市国土资源局吉林市地质灾害防治"十二五"规划的通知》，2003~2010 年，全省在地质灾害专项治理工程中共投入资金 6.5 亿元，提升了全省的地质灾害防灾减灾水平。对本区的防灾减灾工程招标的公开信息进行检索，近 10 年来，长白县在地质灾害防灾减灾领域中的资金投入平均每年在 350 万元以上，统计数据来源如表 5-12 所示，加上防灾演练、培训、管理等不可见的经济投入，估计平均每年至少 600 万元，按 2021 年 GDP 数据计算，每年该项花费约占其 2.1‰。

表 5-12　长白县 2014~2022 年工程防治经济投入

年份	项目名称	经济投入（万元）	资料来源网址
2014	地质灾害调查	142	https://www.bidcenter.com.cn/newscontent-17041083-4.html
2016	工程治理	62	https://www.caigou2003.com/tender/notice/2548807.html
	工程治理	671.4	https://www.bidcenter.com.cn/newscontent-28496649-4.html
2017	地质灾害预警系统	30	https://www.bidcenter.com.cn/newscontent-40716665-1.html
	工程治理	1513	http://www.ccgp.gov.cn/cggg/dfgg/zbgg.htm
2018	工程治理	228	http://www.ccgp.gov.cn/cggg/dfgg/zbgg.htm
	工程治理	57	http://www.ggzyzx.jl.gov.cn/jygg_214918/cgzxgcjs/zbgg/202009/t20200905_7457924.html
	工程治理	316.6	https://www.bidcenter.com.cn/newscontent-55813055-1.html
2019	防灾设备	126	https://www.chinabidding.com/bidDetail/243028268.html

年份	项目名称	经济投入（万元）	资料来源网址
2020	—	—	—
2021	地质灾害风险普查	161	http://www.ccgp.gov.cn/cgggg/dfgg/zbgg/202109/t20210918_16902768.htm
	工程治理	69	
2022	工程治理	193.9	https://www.dowater.com/zhaobiao/2022-05-20/2526489.asp

注：本表只服务于本书研究，统计数据存在遗漏不可避免，不作为其他用途。

（五）降雨量

根据 50 年来降雨量数据资料，选择 ARIMA（2，1，1）模型对未来的降雨量进行预测。由模型求得各月份预测的公式如表 5-13 所示，预测值如表 5-14 所示。

表 5-13 基于 ARIMA（2，1，1）长白县未来月份降雨量预测公式

月份	公式
1	$y(t) = 0.031 - 0.158 \times y(t-1) - 0.027 \times y(t-2) - 1.000 \times \varepsilon(t-1)$
2	$y(t) = 0.031 - 0.158 \times y(t-1) - 0.027 \times y(t-2) - 1.000 \times \varepsilon(t-1)$
3	$y(t) = 0.235 - 0.975 \times y(t-1) - 0.584 \times y(t-2) + 0.283 \times \varepsilon(t-1)$
4	$y(t) = -0.113 + 0.025 \times y(t-1) - 0.084 \times y(t-2) - 1.000 \times \varepsilon(t-1)$
5	$y(t) = 0.182 + 0.237 \times y(t-1) - 0.116 \times y(t-2) - 1.000 \times \varepsilon(t-1)$
6	$y(t) = 0.683 - 0.682 \times y(t-1) - 0.525 \times y(t-2) - 0.325 \times \varepsilon(t-1)$
7	$y(t) = -0.060 + 0.314 \times y(t-1) - 0.098 \times y(t-2) - 0.997 \times \varepsilon(t-1)$
8	$y(t) = -0.602 + 0.209 \times y(t-1) - 0.010 \times y(t-2) - 0.998 \times \varepsilon(t-1)$
9	$y(t) = -0.294 + 0.049 \times y(t-1) + 0.172 \times y(t-2) - 0.999 \times \varepsilon(t-1)$
10	$y(t) = 0.181 - 0.158 \times y(t-1) - 0.197 \times y(t-2) - 1.000 \times \varepsilon(t-1)$
11	$y(t) = 0.149 + 0.047 \times y(t-1) + 0.012 \times y(t-2) - 1.000 \times \varepsilon(t-1)$
12	$y(t) = 0.015 - 0.038 \times y(t-1) + 0.090 \times y(t-2) - 1.000 \times \varepsilon(t-1)$

表 5-14　长白县 2022~2032 年各月降雨量预测

年份	月份	降雨量（mm）	年份	月份	降雨量（mm）	年份	月份	降雨量（mm）	年份	月份	降雨量（mm）
2022	1	8.555	2025	1	8.449	2028	1	8.343	2031	1	8.237
	2	12.895		2	12.97		2	13.023		2	13.101
	3	16.422		3	17.333		3	18.095		3	18.623
	4	41.105		4	40.786		4	40.465		4	40.251
	5	67.196		5	67.811		5	68.438		5	69.058
	6	92.421		6	89.764		6	89.185		6	89.491
	7	168.218		7	167.296		7	167.087		7	166.856
	8	140.262		8	137.949		8	135.694		8	133.438
	9	55.125		9	53.843		9	52.737		9	51.603
	10	33.281		10	33.724		10	34.131		10	34.531
	11	29.811		11	30.285		11	30.761		11	31.236
	12	13.996		12	14.048		12	14.095		12	14.141
2023	1	8.52	2026	1	8.414	2029	1	8.308	2032	1	8.202
	2	12.918		2	12.997		2	13.049		2	13.127
	3	17.985		3	18.598		3	18.81		3	18.968
	4	41.01		4	40.679		4	40.358		4	40.144
	5	67.492		5	68.02		5	68.644		5	69.265
	6	80.818		6	85.411		6	87.689		6	89.109
	7	167.459		7	167.24		7	167.01		7	166.779
	8	139.46		8	137.197		8	134.942		8	132.687
	9	54.46		9	53.494		9	52.358		9	51.225
	10	33.489		10	33.864		10	34.264		10	34.665
	11	29.968		11	30.444		11	30.919		11	31.395
	12	14.014		12	14.063		12	14.11		12	14.157

续表

年份	月份	降雨量（mm）	年份	月份	降雨量（mm）	年份	月份	降雨量（mm）	年份	月份	降雨量（mm）
2024	1	8.485	2027	1	8.379	2030	1	8.272			
	2	12.944		2	12.997		2	13.075			
	3	18.994		3	18.57		3	18.625			
	4	40.894		4	40.572		4	69.058			
	5	67.631		5	68.23		5	68.851			
	6	87.624		6	87.937		6	88.736			
	7	167.324		7	167.165		7	166.933			
	8	138.701		8	136.445		8	134.19			
	9	54.261		9	53.11		9	51.981			
	10	33.602		10	33.998		10	34.398			
	11	30.127		11	30.602		11	31.078			
	12	14.032		12	14.079		12	14.126			

（六）边坡重力侵蚀量

1.边坡重力侵蚀的计算方法

目前，国内外主要采用通用土壤流失方程（USLE）进行土壤侵蚀量的计算，本书也选择通用公式，即式（5-3）。为了适合本书的方向，称水土流失为边坡重力侵蚀。

$$A = R \times K \times L \times S \times C \times P \qquad (5\text{-}3)$$

式（5-3）中，A 为边坡重力侵蚀量（吨/公顷·年），R 为降雨侵蚀力（t·h/MJ·mm），K 为土壤可蚀性因子，L 为坡长因子（无量纲），S 为地形因子（无量纲），C 为作物与覆盖因子（无量纲），P 为水土保持因子（无量纲）。

USLE 各参数的确定需要进一步阐述。第一，对于 R 值的确定有多种方法，本书采用式（5-2）进行计算统计。

$$R = \sum_{i=1}^{12} 1.735 \times 10^{\left(1.5 \times \lg \frac{p_i^2}{p} - 0.8188\right)} \qquad (5\text{-}2)$$

式（5-2）中，P 为年均降雨量（mm），P_i 为月均降雨量（mm）。本书的降雨资料选择长白县域降雨量数据进行 R 值的计算。

第二，对于 K 值的确定十分困难，一般采用 USLE 给出的经验值确定，本书将 S3K 段公路区域分为 1、2 两个区，K 值分别选择 0.3、0.6。

第三，参考相关文献（张岩等，2001；王铮等，2022），确定作物与覆盖因子 C 的计算公式，如式（5-3）所示。

$$C = 0.992 \times e^{\left(-0.0344 \times \frac{(NDVI - NDVI_{\min})}{(NDVI_{\max} - NDVI_{\min})} \right)} \qquad (5-3)$$

式（5-3）中，$NDVI$ 为植被指数。

第四，地形因子 S 一般利用坡长与坡度复合进行计算，本书采用式（5-4）进行计算。

$$S = \left(\frac{L}{22} \right)^{0.3} \left(\frac{\theta}{5.16} \right)^{1.3} \qquad (5-4)$$

式（5-4）中，θ 为边坡坡度，L 为边坡的坡长，其坡长的计算见式（5-5）。

$$L = \frac{DEM}{\sin \left(\frac{slope \times \pi}{180} \right)} \qquad (5-5)$$

式（5-5）中，DEM 表示数字高程模型，$slope$ 表示坡度。坡度、坡长均由 ArcGIS 软件分析计算所得。

第五，关于水土保持因子 P 选择是 USLE 中最难确定的，因为不同地区因自然环境不同，所得到的值相差较大。本区属于寒区，研究的对象为公路边坡，研究的灾种为崩塌，则需按照高陡边坡在冻融与降雨期分别进行 P 值的确定。根据 ANN-CA 的研究，S3K 段应分为 3 个区，本书参考相关的研究成果（陆建忠等，2011；谭娟等，2017），由于本区坡度为高陡边坡，坡度大于 40°，且植被覆盖较少，粗略地确定本区的 P 值，如表 5-15 所示。

表 5-15　S3K 段公路边坡水土保持因子 P 值

区域	冻融期	降雨期
1	0.1	0.45

续表

区域	冻融期	降雨期
2	0.2	0.55
3	0.3	0.65

2. 重力侵蚀月份修正系数的确定

重力侵蚀受环境等各种因素影响，每月存在很大的差异，如本区进入寒冬以后，边坡的重力侵蚀就微乎其微，一直到冻融期才可能出现这种现象。特别是在6、7、8、9月降雨量集中，导致侵蚀作用也相对其他月份而言严重。因此，需要对本区重力侵蚀计算的结果进行月份修正。选择 AHP 法，在充分考虑温度、降雨、孕灾环境等多种因素的情况下，以非常严重流失、严重流失、一般流失、轻微流失、基本不流失，分别对应 5、4、3、2、1 进行评分（见表 5-16）。

表 5-16　S3K 段公路边坡水土流失月份修正专家打分

编号	1月	2月	3月	4月	5月	6月	7月	8月	9月	10月	11月	12月
专家1	1	1	2	2	2	3	4	5	4	3	2	1
专家2	1	1	1	3	3	3	5	5	5	2	1	1
专家3	1	1	2	3	2	4	5	5	4	2	2	1
专家4	1	1	2	2	3	3	5	5	4	2	1	1
专家5	1	1	1	3	3	3	4	5	4	3	1	1
专家6	1	1	2	3	3	4	5	5	5	2	2	1
专家7	1	1	2	2	3	4	5	5	4	2	1	1
专家8	1	1	2	3	3	3	5	5	4	2	1	1
专家9	1	1	3	2	2	3	5	5	4	3	1	1
专家10	1	1	2	2	2	4	5	5	3	2	1	1

计算出各分析项的平均值，再利用平均值大小相除得到判断矩阵，其判断矩阵计算结果如表 5-17 所示。

表 5-17　AHP 层次分析判断矩阵

项	1	2	3	4	5	6	7	8	9	10	11	12
1 月（1）	1	1	0.476	0.385	0.385	0.286	0.208	0.200	0.238	0.435	0.769	1
2 月（2）	1	1	0.476	0.385	0.385	0.286	0.208	0.200	0.238	0.435	0.769	1
3 月（3）	2.100	2.100	1	0.808	0.808	0.600	0.438	0.420	0.500	0.913	1.615	2.100
4 月（4）	2.600	2.600	1.238	1	1	0.743	0.542	0.520	0.619	1.130	2.000	2.600
5 月（5）	2.600	2.600	1.238	1	1	0.743	0.542	0.520	0.619	1.130	2.000	2.600
6 月（6）	3.500	3.500	1.667	1.346	1.346	1	0.729	0.700	0.833	1.522	2.692	3.500
7 月（7）	4.800	4.800	2.286	1.846	1.846	1.371	1	0.960	1.143	2.087	3.692	4.800
8 月（8）	5.000	5.000	2.381	1.923	1.923	1.429	1.042	1	1.190	2.174	3.846	5.000
9 月（9）	4.200	4.200	2.000	1.615	1.615	1.200	0.875	0.840	1	1.826	3.231	4.200
10 月（10）	2.300	2.300	1.095	0.885	0.885	0.657	0.479	0.460	0.548	1	1.769	2.300
11 月（11）	1.300	1.300	0.619	0.500	0.500	0.371	0.271	0.260	0.310	0.565	1	1.300
12 月（12）	1	1	0.476	0.385	0.385	0.286	0.208	0.200	0.238	0.435	0.769	1

由表 5-17 可知，针对 1 月、2 月、3 月、4 月、5 月、6 月、7 月、8 月、9 月、10 月、11 月、12 月共 12 项构建 12 阶判断矩阵进行 AHP 计算，分析得到特征向量和权重值。除此之外，结合特征向量计算出最大特征根，利用最大特征根值计算得到 CI 值（见表 5-17），所得的权重如表 5-18 所示。

表 5-18　AHP 层次分析结果

项	特征向量	权重值	最大特征根值	CI 值
1 月	0.382	3.185%		
2 月	0.382	3.185%		
3 月	0.803	6.688%	12.000	0.000
4 月	0.994	8.280%		
5 月	0.994	8.280%		
6 月	1.338	11.146%		

续表

项	特征向量	权重值	最大特征根值	CI 值
7 月	1.834	15.287%		
8 月	1.911	15.924%		
9 月	1.605	13.376%		
10 月	0.879	7.325%	12.000	0.000
11 月	0.497	4.140%		
12 月	0.382	3.185%		

针对 12 阶判断矩阵计算得到 CI 值为 0，针对 RI 值的一致性检验结果为 1.540，因此计算得到 CR 值为 0.000 < 0.1，这意味着判断矩阵满足一致性检验，计算所得权重具有一致性（见表 5-19、表 5-20）。

表 5-19　随机一致性 RI 表格

n 阶	3	4	5	6	7	8	9	10	11	12	13	14	15	16
RI 值	0.52	0.89	1.12	1.26	1.36	1.41	1.46	1.49	1.52	1.54	1.56	1.58	1.59	1.5943
n 阶	17	18	19	20	21	22	23	24	25	26	27	28	29	30
RI 值	1.6064	1.6133	1.6207	1.6292	1.6358	1.6403	1.6462	1.6497	1.6556	1.6587	1.6631	1.6670	1.6693	1.6724

表 5-20　一致性检验结果

最大特征根值	CI 值	RI 值	CR 值	一致性检验结果
12.000	0.000	1.540	0.000	通过

（七）重力侵蚀概率

根据铁染异常与边坡稳定性的研究成果，在模型中引入重力侵蚀概率这一参数，它是用统计方法进行因子定量分析和区域危险的评价基本数据，其计算公式如式（5-12）所示。

$$P(S/B) = \frac{p(S/B)}{p(S)} = \frac{N_{pix}(S \cap B)}{N_{pix}(B)} \qquad (5\text{-}12)$$

式（5-12）中，$N_{pix}(S \cap B)$ 表示区域内岩体 B 中发生重力侵蚀的像元个数，$N_{pix}(B)$ 表示区域内岩体 B 的像元个数。

根据上文的研究成果，在 ArcGIS 中对每一格网进行统计计算。由于数据的时间精度是以年为标准进行分析的，所以转化到 Vensim 模型中时，需要以月份进行修正，北方入冬以后人的户外活动就逐渐减少，且在 11 月中旬至次年 3 月中旬边坡处于冻结状态，重力侵蚀作用小，所以在月份对其调整时加入了人为干扰因素。

二、模型公式汇总

王其潘（2009）指出，在对 SD 模型构建时要进行检验，对那些可以勾勒出参考模式的需要十分清晰，在无清晰参考模式下，集中列举可能的理性状态，通过列举法替代清晰的动态变化，但是对重要的变量，需要清晰地研究出其影响动态关系。比如，本书必须满足降雨—危险性的变化情况，当雨量增大的时候，边坡危险性应随之增加；又如，受天气气候影响，在入冬以后人的野外活动的暴露就减少了许多等。在满足这种逻辑关系以后，还要遵循"四要素"理论，考虑因素之间的作用关系，本书遵循这种方法建立相关的模型参数公式。现根据 SD 存量流量图，给出 SD 模型的所有参数公式（见表 5-21），并做简要的说明和论述。

表 5-21 S3K 段崩塌地质灾害风险评价 SD 模型及公式的设定

序号	参数名称	计算公式	备注
L	人口数量	人口数量 .K= 人口数量 .J+（人口出生量 .JK– 人口死亡量 .KL）× dt	
N	人口数量初始值	58266	
C	人口出生量	人口数量 × 出生率	
C	人口死亡量	人口数量 × 死亡率	
R	出生率	GET XLS DATA	从 Excel 表中获取该值
R	死亡率	GET XLS DATA	从 Excel 表中获取该值

续表

序号	参数名称	计算公式	备注
A	科技人员	科技人员增加量	
R	科技人员增加量	TIME STEP × TIME STEP × (新增科技人员 × 科技人员调整系数)/1000	
N	科技人员调整系数	0.2	
N	科技水平	科技人员	
C	自救指数	科技水平 ÷ 人口数量	
A	人口体能指数	((1−((少年人口 + 老年人口)/S3K 段人口数量换算))/0.641) × 人口体能调整系数	
A	老年人口	S3K 段人口数量换算 − 少年人口 − 青壮年人口	
A	少年人口	S3K 段人口数量换算 × 少年人口占比	
A	青年人口	青壮年人口占比 × S3K 段人口数量换算	
A	S3K 段人口数量换算	人口数量 × 0.5	
A	人口密度	((S3K 段人口数量换算 / 区域面积) ÷ 140.26) × 人口密度调整系数	
N	人口密度调整系数	0.1	反复实验求得
N	公路敏感性	0.6	根据《技术要求》规范
A	敏感性	人口体能指数 + 人口密度 + 公路敏感性 + 人均 GDP 指数 + 区域经济密度指数	
A	脆弱性	敏感性 × 防灾减灾能力转换 1	
N	区域面积	203.368	
L	GDP	26.95	GDP 初始值
R	GDP 增加量	GDP 增长率 × GDP	
T	GDP 增长率	横坐标：Time ÷ (TIME STEP × 12) ([[0, −0.006)−(4000, 10)], (2022, −0.00114), (2023, −0.001489), (2024, −0.001837), (2025, −0.002186), (2026, −0.00534), (2027, −0.002883), (2028, −0.003231), (2029, −0.00358), (2030, −0.003928), (2031, −0.004277))	
A	人均 GDP 指数	人均 GDP ÷ 4.4864	

续表

序号	参数名称	计算公式	备注
A	人均 GDP	（GDP ÷ 人口数量）× 单位换算 3	
A	区域经济密度	（GDP ÷ 区域面积）× 区域经济权重	
A	区域经济密度指数	（区域经济密度 ÷0.024962）× 区域经济权重	
N	区域经济权重	0.1	
N	单位换算 3	10000	
A	防灾减灾能力	自救指数 ×0.218+ 边坡改善程度 ×0.466+ 防灾意识 ×0.109+ 防灾受教育人数 ×0.207	
T	防灾减灾能力转换 1	横坐标：防火减灾能力（[（0, 0）-（10, 10）]，（0.1, 0.15），（0.2, 0.19），（0.3, 0.22），（0.4, 0.24），（0.5, 0.28），（0.6, 0.3），（0.7, 0.33），（0.8, 0.44），（0.9, 0.48），（1, 0.5））	
T	边坡改善程度	横坐标：防灾减灾工程投入（[（0, 0）-（10, 10）]，（0.0001, 0.9），（0.0002, 0.85），（0.0003, 0.7），（0.0004, 0.65），（0.0005, 0.4），（0.0006, 0.3），（0.0007, 0.15），（0.0008, 0.1），（0.0009, 0））	
A	防灾受教育人数	（（S3K 段人口数量换算 × 教育比例）÷22820）× 防灾受教育人数调整系数	
T	教育比例	横坐标：科教投入（[（0, 0）-（400, 10）]，（50, 0.3），（60, 0.5），（80, 0.6），（100, 0.7），（150, 0.8），（220, 1））	
A	科教投入	GDP× 单位换算 1× 防灾科教投入比例	
A	防灾意识	防灾宣传力度	
A	防灾宣传力度	IF THEN ELSE（月均降雨量 ≥ 100, 0.8, 0.2）	
N	月均降雨量	GET XLS DATA	从 Excel 中获取
A	危险性	孕灾环境 ×（易发性 ×0.211+ 月份边坡侵蚀量 ×0.534+ 边坡稳定性 ×0.255）	AHP 确定权重
R	边坡侵蚀变化量	边坡侵蚀变化率	
A	边坡侵蚀变化率	P×K×S×R 值 × 作物因子 C	
N	孕灾环境	GET XLS DATA	从 Excel 中获取
N	易发性	GET XLS DATA	从 Excel 中获取

续表

序号	参数名称	计算公式	备注
N	稳定性	GET XLS DATA	从 Excel 中获取
L	边坡重力侵蚀累积量	边坡侵蚀变化量	
N	边坡重力侵蚀累积量初始值	GET XLS DATA	从 Excel 中获取
A	暴露性	人的户外活动强度 + 公路暴露	
A	人的户外活动强度	人类活动调整系数 + 重力侵蚀概率转换	
N	人类活动调整系数	GET XLS DATA	AHP 求得，从 Excel 中获取
A	重力侵蚀的概率	遥感影像元变化指示	
T	遥感影像元变化指示	横坐标：降雨量（[（0,0)-（400,10)]，（0,0.0001)，（10,0)，（20,0.05)，（30,0.07)，（40,0.1)，（50,0.223)，（60,0.268)，（70,0.314)，（80,0.371)，（90,0.412)，（100,0.461)，（120,0.496)，（130,0.524)，（140,0.556)，（150,0.589)，（160,0.6223)，（170,0.687)，（180,0.711)，（190,0.766)，（200,0.814)，（210,0.861)，（220,0.875)，（230,0.9)）	
A	崩塌地质灾害风险	危险性 × 暴露性 × 脆弱性 × 防灾减灾能力	
L	人的心理作用	压力增加 - 压力释放	
N	人的心理作用初始值	0.5	
R	压力增加	IF THEN ELSE（危险性 > 1,0.5,0.1）	
R	压力释放	IF THEN ELSE（崩塌地质灾害风险 > 1,0.1,0.5）	
A	政府投入动力系数	IF THEN ELSE（人心理作用 ≤ 0,0,人心理作用）	
A	边坡防灾工程投入比例	政府投入动力系数	
A	防灾减灾工程投入	防灾减灾工程投入 × 投入增加量	
A	投入增加量	ABS（GDP 增加量 × 边坡防灾工程投入比例）	
T	作物因子 C	横坐标边坡改善程度（[（0,0)-（10,10)]，（0.2,0.1)，（0.3,0.12)，（0.4,0.15)，（0.5,0.06)，（0.6,0.02)，（0.7,0.003)，（0.8,0.002)，（0.9,0.001)）	

科教投入与防灾受教育人数是通过中间参数防灾教育比例得到。一般情况下，县级政府职能部门关于防灾科普宣传、培训等工作的经费预算和投入，是根据各乡镇自然灾害的实际情况进行配比的。本区属于长白县管辖，该县地质灾害以公路边坡崩塌为主，所以对各乡镇人员的防灾意识的培训可以利用全县的平均水平进行估算。对人员的户外活动调整系数、公路调整系数、人口体能调整系数、人口密度调整系数、区域经济调整系数、防灾教育调整系数等均通过 AHP 计算所得，其方法与上文相关论述内容类似，不再赘述。

三、模型的检验

建模的过程是一个循环反复逐渐达到目标的过程，不太可能一次性就能成功。表 5–21 是在几十次的反复检查、校验、调整的过程中形成的结果。本节对模型的验证过程进行分析和总结。

系统动力学模型的结构决定了它的行为，如果仅将模型产生行为与所观测的真实系统行为比较进行检验，是不足以说明模型有效性的，因为这种方法没有提供模型结构信息，单纯的模型行为验证不能区分伪行为和真行为正确性。参考相关学者的论著，本书检验分为基本检验和心智测试。

（一）基本检验

本次直接结构检验分为是否脱离风险"四要素"理论的构成框架、参数是否遗漏、参数关系是否合理、量纲是否正确、是否通过 Vensim 功能模型检验、极限检验、主观数据是否满足模型、模型语义是否合理等，检验结果如表 5–22 所示。

表 5–22　SD 模型直接结构检验项

序号	检查项目	检查结果	备注
1	SD 模型结构与风险"四要素"理论是否偏离	满足图 1–1 的基本结构	满足风险（R）＝致灾因子（H）× 脆弱性（V）× 暴露性（E）× 防灾减灾能力（C）关系表达式
2	因果回路图中各参数之间的关系是否遗漏	无遗漏	人工逐一检查
3	因果回路图检查各参数之间的关系是否合理	合理	部分抽象的参数是根据逻辑进行确定
4	各参数量纲是否正确	正确	

序号	检查项目	检查结果	备注
5	是否检验通过软件"Model Check"功能模块检验	本次检验结果显示 Modle is OK	Message from Vensim ⓘ Model is OK. 确定
6	是否检验通过软件"Units Check"功能模块检验	本次检验结果显示 Units are A.O.K	Message from Vensim ⓘ Units are A. O. K. 确定
7	极限检验	当不具备孕灾环境情况下，风险为 0	
8	主观数据是否满足模型	满足	对人的心理作用、防灾意识进行检验，满足
9	模型语义是否合理	合理	人工逐一检查

（二）心智测试

心智测试的目的就是要检查系统模型的行为是否符合现实，如本区域6、7、8、9月降雨量集中，那么从降雨主导因子来看，边坡的不稳定性、危险性以及风险等受降雨的影响，出现波动的现象，且模型运行的风险结果应该在这期间内出现峰值。此外，还要看边坡危险性是否随着时间的推移表现出"小洞不补，大洞一尺五"的增强模式。经检查，本模型符合这种变化趋势（见图5-1）。

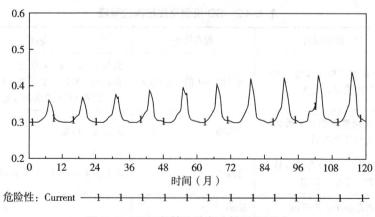

图 5-1 S3K 段某边坡危险性强度测试

通过图 5-1 这种变化趋势，与其对应的边坡崩塌风险会随时间的推移也应表现出这种增强的趋势，经检验符合要求，如图 5-2 所示。

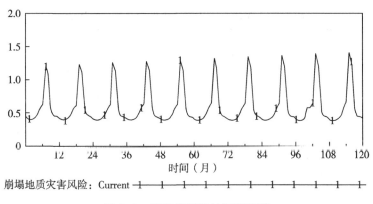

崩塌地质灾害风险：Current

图 5-2　S3K 段某边坡风险测试

四、SD-GIS 集成研究

（一）集成环境

建立好 SD 模型以后，虽然可以很方便地在 Vensim 软件中进行模拟，但是每一个格网内的孕灾环境、边坡稳定性、影响重力侵蚀等诸多因素都不一样，如逐个对每一格网进行人工处理计算，就会导致工作量剧增，效率十分低下，不利于工作顺利地开展。所以，在本书中做了一个补充，就是通过编写相关的计算机程序，把 SD-GIS 集成到一起，从而实现快速计算，使原来看似复杂的过程变得相对简单。此外，对程序的开发有利于未来系统的升级，便于继续做相关的研究。

在 Visual Studio2013 开发平台选择 C# 计算机语言，利用 ArcEngine 组件式开发工具与本书在 Vensim 所建立的动力学模型进行集成。在程序研发之前需要安装 Ironpython2.7[①]，因为它是 Python 通向 .net framework 的一个端口，可以很好地与 .net 进行集成。此外，利用 Vensim 建立的系统 SD 模型很难直接与 GIS 相结合，因此需要借助 PySD 功能模块，在计算机中运行 cmd 命令进入 WinDOS 界面，运行 pip install pysd 指令进行安装。本次还需要 numpy、matplotlib、ipython、

[①]　https://ironpython.net.

pandas 等辅助功能模块，如表 5-23 所示。在程序编写研发调试中，基于 Python 的语句的编写选择 Pycharm 平台。

表 5-23　本次系统集成所需模块及其安装指令

功能模块名称	安装指令
pysd	pip install pysd
numpy	pip install numpy
matplotlib	pip install matplotlib
ipython	pip install ipython
pandas	pip install pandas

（二）计算机核心程序介绍

首先，利用 Python 语言编写函数，该函数用于获取 SD 模型的返回值。函数中通过加载 pysd 模块，利用该模块的 read_vensim 方法，获得 SD 模型在计算机中存储的路径，通过 run 方法返回感兴趣的 SD 模拟值，其核心的事例代码如附录 3 所示，为了便于描述，不防将该函数的文件命名为 test1。

其次，利用 Visual Studio2013 新建一个项目，在项目中添加 IronPython.Modules.dll、Microsoft.Dynamic.dll 和 Spire 引用，同时将建立好的 test1 的文件保存到该项目下的 debug 文件目录中，通过 Process 对象分别获得 test1 文件的绝对路径和可用的 Python 应用程序（本书选择 Python3.8）。由于在建立 SD 模型的时候应用到了 Excel 表，所以本次通过 Spire 类库中的 Workbook 进行 Excel 数据表的获取，核心程序见附录 3。

本书每一边坡的环境数据均有差别，需要通过程序循环为每一格网赋当前环境值，以备 SD 模型的调用，程序中是通过替换固定位置的 Excel 数据对其实现，核心的伪代码见附录 4。通过 Process 对象循环执行 SD 模型，过程中需要用 if 语句检查异步流是否在运行，如果存在异步流，就须利用 CancelOutputRead（ ）函数进行注销，否则程序报错，其核心代码见附录 5。

完成上述几个步骤以后，利用 C# 计算机语言很容易将获取到的 SD 仿真数据导出到 Excel 文档，在 ArcGIS 软件中通过 S3K 段格网属性表进行字段关联，即可实现 SD-GIS 的融合。此外，还有一种方法就是通过在计算机中安装 ArcEngine 组件库，在 Visual Studio2013 下进行程序设计即可实现 SD-GIS 集成环境下的动态风险评估，此属于 GIS 程序设计方向，在此不做叙述，本书两种方法都进行了尝试。

五、风险模拟与评估

（一）风险模拟

1. 风险模拟

通过运行上文编制的计算机程序，得出每一格网未来年份 1~12 月的模拟风险值，将重点格网模拟值进行列举（见表 5-24）。

表 5-24　基于 SD 的 S3K 段公路边坡崩塌地质灾害风险模拟结果

OBJECTID	1 月	2 月	3 月	4 月	5 月	6 月	7 月	8 月	9 月	10 月	11 月	12 月
	0.0674	0.0681	0.0713	0.0796	0.0943	0.1057	0.1612	0.1458	0.0907	0.0771	0.0756	0.0693
	0.0671	0.0678	0.0715	0.0793	0.0942	0.1009	0.1608	0.1455	0.0901	0.0768	0.0753	0.0689
	0.0668	0.0675	0.0715	0.0788	0.0939	0.1032	0.1609	0.1451	0.0897	0.0765	0.0750	0.0686
	0.0664	0.0672	0.0706	0.0784	0.0937	0.1038	0.1612	0.1447	0.0892	0.0762	0.0747	0.0683
	0.0661	0.0669	0.0707	0.0780	0.0935	0.1019	0.1613	0.1444	0.0888	0.0759	0.0745	0.0680
197	0.0658	0.0666	0.0704	0.0776	0.0933	0.1027	0.1616	0.1441	0.0884	0.0757	0.0742	0.0677
	0.0655	0.0663	0.0700	0.0773	0.0932	0.1030	0.1618	0.1437	0.0880	0.0754	0.0740	0.0675
	0.0653	0.0660	0.0699	0.0769	0.0930	0.1022	0.1620	0.1434	0.0876	0.0752	0.0738	0.0672
	0.0650	0.0658	0.0696	0.0924	0.0929	0.1025	0.1623	0.1432	0.0872	0.0750	0.0735	0.0670
	0.0648	0.0656	0.0693	0.0763	0.0928	0.1027	0.1626	0.1429	0.0868	0.0748	0.0734	0.0692
	0.5505	0.5561	0.5818	0.6488	0.7660	0.8546	1.5610	1.4200	0.7376	0.6284	0.6168	0.5657
	0.5480	0.5537	0.5837	0.6457	0.7648	0.8181	1.5590	1.4180	0.7332	0.6262	0.6144	0.5631
	0.5453	0.5511	0.5838	0.6422	0.7627	0.8360	1.5620	1.4150	0.7299	0.6237	0.6119	0.5604
198	0.5427	0.5485	0.5764	0.6389	0.7610	0.8407	1.5650	1.4130	0.7261	0.6213	0.6096	0.5579
	0.5401	0.5461	0.5774	0.6357	0.7595	0.8260	1.5680	1.4100	0.7227	0.6191	0.6075	0.5554
	0.5377	0.5437	0.5748	0.6326	0.7582	0.8322	1.5710	1.4080	0.7193	0.6170	0.6054	0.5531
	0.5354	0.5414	0.5711	0.6297	0.7570	0.8348	1.5750	1.4060	0.7160	0.6151	0.6035	0.5509

续表

OBJECTID	1月	2月	3月	4月	5月	6月	7月	8月	9月	10月	11月	12月
198	0.5331	0.5393	0.5709	0.6268	0.7559	0.8289	1.5780	1.4040	0.7128	0.6132	0.6017	0.5488
	0.5310	0.5373	0.5682	0.7509	0.7551	0.8313	1.5820	1.4020	0.7098	0.6115	0.6000	0.5468
	0.5290	0.5354	0.5662	0.6223	0.7543	0.8329	1.5860	1.4000	0.7069	0.6099	0.5984	0.5651
201	0.4527	0.4605	0.4851	0.5777	0.7487	0.9295	2.3480	2.0250	0.7242	0.5615	0.5440	0.4731
	0.4523	0.4618	0.4940	0.5979	0.8071	0.9316	2.7760	2.3210	0.7569	0.5759	0.5553	0.4746
	0.4517	0.4628	0.5018	0.6166	0.8623	1.0780	3.2130	2.6120	0.7919	0.5900	0.5668	0.4761
	0.4510	0.4639	0.4974	0.6352	0.9187	1.1950	3.6500	2.8950	0.8242	0.6044	0.5787	0.4777
	0.4505	0.4651	0.5073	0.6536	0.9758	1.2260	4.0770	3.1650	0.8555	0.6188	0.5906	0.4793
	0.4500	0.4662	0.5109	0.6714	1.0320	1.3500	4.5000	3.4290	0.8856	0.6335	0.6027	0.4810
	0.4495	0.4676	0.5115	0.6890	1.0890	1.4610	4.9200	3.6860	0.9147	0.6483	0.6151	0.4828
	0.4491	0.4690	0.5201	0.7064	1.1460	1.5210	5.3330	3.9330	0.9425	0.6632	0.6276	0.4846
	0.4487	0.4704	0.5226	1.1980	1.2070	1.6340	5.7650	4.1870	0.9712	0.6792	0.6411	0.4867
	0.4485	0.4722	0.5267	0.7431	1.2650	1.7400	6.1710	4.4200	0.9972	0.6945	0.6541	0.5068
252	0.3982	0.4025	0.4214	0.4731	0.5643	0.6373	1.2170	1.0940	0.5423	0.4578	0.4488	0.4097
	0.3964	0.4009	0.4232	0.4719	0.5662	0.6105	1.2350	1.1060	0.5407	0.4570	0.4477	0.4080
	0.3946	0.3992	0.4236	0.4704	0.5674	0.6307	1.2570	1.1170	0.5400	0.4559	0.4465	0.4062
	0.3927	0.3975	0.4183	0.4690	0.5688	0.6397	1.2790	1.1280	0.5389	0.4550	0.4455	0.4045
	0.3909	0.3958	0.4195	0.4676	0.5705	0.6303	1.3010	1.1390	0.5380	0.4541	0.4446	0.4030
	0.3893	0.3942	0.4179	0.4663	0.5723	0.6408	1.3230	1.1490	0.5370	0.4534	0.4438	0.4015
	0.3876	0.3928	0.4153	0.4651	0.5741	0.6479	1.3450	1.1600	0.5361	0.4528	0.4430	0.4000
	0.3861	0.3914	0.4156	0.4640	0.5761	0.6464	1.3670	1.1690	0.5352	0.4522	0.4424	0.3987
	0.3846	0.3901	0.4139	0.5751	0.5783	0.6535	1.3900	1.1800	0.5344	0.4518	0.4419	0.3974
	0.3832	0.3888	0.4127	0.4625	0.5805	0.6597	1.4110	1.1890	0.5336	0.4514	0.4414	0.4108
254	0.4252	0.4296	0.4496	0.5023	0.5982	0.6860	1.4200	1.4300	0.6302	0.5106	0.4979	0.4431
	0.4260	0.4330	0.4604	0.5374	0.6928	0.7864	2.1360	1.9270	0.6892	0.5348	0.5174	0.4470
	0.4266	0.4362	0.4713	0.5704	0.7837	0.9735	2.8540	2.4150	0.7493	0.5590	0.5372	0.4509
	0.4271	0.4394	0.4712	0.6032	0.8760	1.1470	3.5680	2.8890	0.8060	0.5835	0.5575	0.4550

OBJECTID	1 月	2 月	3 月	4 月	5 月	6 月	7 月	8 月	9 月	10 月	11 月	12 月
254	0.4276	0.4427	0.4847	0.6355	0.9691	1.2350	4.2660	3.3450	0.8607	0.6080	0.5778	0.4590
	0.4282	0.4459	0.4920	0.6668	1.0610	1.4180	4.9580	3.7880	0.9134	0.6327	0.5984	0.4630
	0.4288	0.4493	0.4960	0.6976	1.1540	1.5900	5.6430	4.2190	0.9645	0.6577	0.6193	0.4672
	0.4294	0.4527	0.5088	0.7280	1.2470	1.7010	6.3190	4.6340	1.0130	0.6828	0.6404	0.4713
	0.4300	0.4562	0.5147	1.3330	1.3450	1.8780	7.0230	5.0610	1.0630	0.7095	0.6630	0.4758
	0.4308	0.4601	0.5227	0.7908	1.4390	2.0450	7.6870	5.4530	1.1090	0.7351	0.6847	0.4978
255	0.1467	0.1483	0.1552	0.1740	0.2090	0.2044	0.2439	0.3130	0.2308	0.1817	0.1765	0.1542
	0.1476	0.1505	0.1609	0.1939	0.2614	0.3050	0.3515	0.3157	0.2640	0.1954	0.1876	0.1568
	0.1483	0.1527	0.1669	0.2126	0.3118	0.4055	0.4995	0.4164	0.2976	0.2091	0.1989	0.1594
	0.1490	0.1549	0.1680	0.2312	0.3629	0.5009	0.6465	0.5144	0.3295	0.2230	0.2105	0.1620
	0.1497	0.1571	0.1753	0.2495	0.4144	0.5513	0.7901	0.6083	0.3601	0.2368	0.2220	0.1645
	0.1504	0.1592	0.1797	0.2672	0.4655	0.6514	0.9326	0.6999	0.3897	0.2508	0.2337	0.1671
	0.1511	0.1614	0.1825	0.2847	0.5169	0.7455	1.0730	0.7887	0.4183	0.2649	0.2455	0.1698
	0.1518	0.1637	0.1896	0.3018	0.5685	0.8075	1.2120	0.8745	0.4457	0.2790	0.2574	0.1724
	0.1524	0.1659	0.1933	0.6167	0.6227	0.9049	1.3570	0.9625	0.4738	0.2939	0.2701	0.1752
	0.1532	0.1683	0.1980	0.3372	0.6745	0.9965	1.4940	1.0430	0.4994	0.3083	0.2823	0.1844
304	0.0931	0.0940	0.0983	0.1088	0.1271	0.1399	0.2006	0.1862	0.1231	0.1057	0.1039	0.0956
	0.0927	0.0936	0.0986	0.1083	0.1270	0.1350	0.2014	0.1866	0.1225	0.1054	0.1035	0.0952
	0.0923	0.0932	0.0986	0.1078	0.1267	0.1377	0.2026	0.1870	0.1220	0.1050	0.1031	0.0948
	0.0918	0.0928	0.0974	0.1073	0.1266	0.1385	0.2039	0.1873	0.1215	0.1046	0.1027	0.0943
	0.0914	0.0924	0.0976	0.1068	0.1265	0.1366	0.2051	0.1876	0.1210	0.1043	0.1024	0.0939
	0.0910	0.0920	0.0971	0.1064	0.1263	0.1376	0.2064	0.1879	0.1205	0.1040	0.1021	0.0936
	0.0906	0.0916	0.0965	0.1059	0.1263	0.1382	0.2077	0.1882	0.1201	0.1037	0.1018	0.0932
	0.0902	0.0912	0.0965	0.1055	0.1262	0.1375	0.2089	0.1886	0.1196	0.1034	0.1015	0.0928
	0.0899	0.0909	0.0961	0.1255	0.1262	0.1381	0.2104	0.1889	0.1192	0.1031	0.1012	0.0925
	0.0896	0.0906	0.0957	0.1048	0.1262	0.1385	0.2117	0.1892	0.1188	0.1029	0.1010	0.0956

OBJECTID	1月	2月	3月	4月	5月	6月	7月	8月	9月	10月	11月	12月
	0.0720	0.0727	0.0762	0.0855	0.1030	0.1209	0.2243	0.2341	0.1140	0.0894	0.0868	0.0757
	0.0724	0.0739	0.0791	0.0956	0.1295	0.1515	0.3884	0.3482	0.1308	0.0964	0.0925	0.0770
	0.0728	0.0750	0.0821	0.1051	0.1550	0.2023	0.5529	0.4602	0.1478	0.1033	0.0982	0.0783
	0.0731	0.0761	0.0827	0.1145	0.1808	0.2505	0.7163	0.5692	0.1639	0.1104	0.1040	0.0797
315	0.0735	0.0772	0.0864	0.1237	0.2069	0.2760	0.8760	0.6736	0.1794	0.1174	0.1099	0.0810
	0.0739	0.0783	0.0886	0.1327	0.2327	0.3267	1.0340	0.7754	0.1944	0.1244	0.1158	0.0823
	0.0742	0.0795	0.0900	0.1416	0.2587	0.3742	1.1910	0.8743	0.2089	0.1316	0.1218	0.0837
	0.0746	0.0806	0.0936	0.1503	0.2848	0.4056	1.3460	0.9697	0.2228	0.1387	0.1278	0.0850
	0.0750	0.0818	0.0955	0.3092	0.3122	0.4548	1.5070	1.0670	0.2370	0.1463	0.1343	0.0864
	0.0754	0.0830	0.0979	0.1681	0.3385	0.5012	1.6590	1.1570	0.2499	0.1536	0.1405	0.0910
	0.1041	0.1053	0.1103	0.1245	0.1497	0.1706	0.2763	0.2454	0.1433	0.1203	0.1178	0.1072
	0.1037	0.1049	0.1108	0.1242	0.1502	0.1626	0.2796	0.2475	0.1428	0.1200	0.1175	0.1068
	0.1032	0.1044	0.1110	0.1238	0.1504	0.1682	0.2837	0.2495	0.1426	0.1197	0.1172	0.1063
	0.1027	0.1040	0.1095	0.1234	0.1507	0.1706	0.2881	0.2515	0.1422	0.1195	0.1169	0.1059
316	0.1022	0.1036	0.1098	0.1230	0.1511	0.1678	0.2923	0.2534	0.1419	0.1192	0.1167	0.1054
	0.1018	0.1032	0.1094	0.1226	0.1515	0.1705	0.2966	0.2553	0.1416	0.1190	0.1164	0.1051
	0.1014	0.1028	0.1087	0.1223	0.1519	0.1724	0.3008	0.2571	0.1413	0.1188	0.1162	0.1047
	0.1010	0.1024	0.1088	0.1219	0.1524	0.1718	0.3050	0.2588	0.1410	0.1187	0.1160	0.1043
	0.1006	0.1021	0.1084	0.1520	0.1529	0.1736	0.3094	0.2607	0.1407	0.1186	0.1159	0.1040
	0.1002	0.1017	0.1081	0.1215	0.1534	0.1751	0.3136	0.2623	0.1404	0.1184	0.1158	0.1075
	0.0661	0.0676	0.0717	0.0902	0.1244	0.1622	0.3717	0.2930	0.1115	0.0838	0.0808	0.0691
	0.0658	0.0674	0.0724	0.0898	0.1247	0.1450	0.3705	0.2920	0.1105	0.0837	0.0806	0.0688
319	0.0654	0.0671	0.0727	0.0894	0.1248	0.1549	0.3714	0.2909	0.1101	0.0835	0.0804	0.0685
	0.0651	0.0668	0.0713	0.0890	0.1249	0.1582	0.3727	0.2899	0.1095	0.0833	0.0802	0.0682
	0.0648	0.0665	0.0719	0.0886	0.1251	0.1517	0.3740	0.2889	0.1089	0.0831	0.0801	0.0679
	0.0645	0.0662	0.0716	0.0882	0.1253	0.1556	0.3752	0.2879	0.1083	0.0830	0.0800	0.0677

OBJECTID	1 月	2 月	3 月	4 月	5 月	6 月	7 月	8 月	9 月	10 月	11 月	12 月
	0.0643	0.0660	0.0710	0.0879	0.1256	0.1577	0.3764	0.2870	0.1078	0.0829	0.0799	0.0674
319	0.0640	0.0658	0.0712	0.0876	0.1258	0.1556	0.3777	0.2860	0.1072	0.0828	0.0798	0.0672
	0.0638	0.0655	0.0709	0.1256	0.1261	0.1574	0.3792	0.2852	0.1067	0.0827	0.0797	0.0670
	0.0635	0.0653	0.0707	0.0871	0.1264	0.1589	0.3806	0.2843	0.1062	0.0827	0.0796	0.0693
	0.0683	0.0751	0.0847	0.1635	0.3150	0.5140	1.6700	1.2490	0.2629	0.1413	0.1280	0.0800
	0.0688	0.0764	0.0909	0.1740	0.3453	0.4599	1.8320	1.3600	0.2776	0.1495	0.1345	0.0815
	0.0693	0.0777	0.0962	0.1837	0.3735	0.5640	2.0060	1.4700	0.2949	0.1574	0.1412	0.0831
	0.0697	0.0790	0.0936	0.1934	0.4024	0.6321	2.1800	1.5770	0.3102	0.1654	0.1480	0.0846
321	0.0701	0.0803	0.1002	0.2030	0.4317	0.6267	2.3510	1.6800	0.3253	0.1734	0.1548	0.0861
	0.0705	0.0816	0.1026	0.2123	0.4608	0.7001	2.5200	1.7790	0.3395	0.1815	0.1617	0.0876
	0.0709	0.0829	0.1032	0.2214	0.4901	0.7608	2.6870	1.8760	0.3534	0.1897	0.1687	0.0892
	0.0714	0.0842	0.1086	0.2305	0.5196	0.7833	2.8530	1.9690	0.3666	0.1979	0.1757	0.0907
	0.0718	0.0856	0.1103	0.5471	0.5505	0.8446	3.0260	2.0660	0.3803	0.2065	0.1832	0.0923
	0.0722	0.0870	0.1130	0.2495	0.5802	0.9004	3.1880	2.1530	0.3925	0.2149	0.1904	0.0973
	0.0740	0.0786	0.0862	0.1404	0.2438	0.3751	1.1300	0.8469	0.2049	0.1234	0.1144	0.0819
	0.0740	0.0790	0.0896	0.1443	0.2564	0.3292	1.1930	0.8895	0.2097	0.1267	0.1170	0.0823
	0.0739	0.0793	0.0923	0.1479	0.2679	0.3848	1.2620	0.9315	0.2163	0.1297	0.1196	0.0827
	0.0739	0.0797	0.0898	0.1514	0.2797	0.4168	1.3340	0.9724	0.2217	0.1329	0.1223	0.0832
322	0.0738	0.0800	0.0932	0.1550	0.2918	0.4055	1.4030	1.0110	0.2271	0.1361	0.1250	0.0836
	0.0738	0.0803	0.0939	0.1584	0.3039	0.4403	1.4710	1.0490	0.2321	0.1393	0.1277	0.0840
	0.0738	0.0807	0.0937	0.1618	0.3160	0.4675	1.5390	1.0860	0.2371	0.1426	0.1305	0.0845
	0.0738	0.0811	0.0962	0.1651	0.3282	0.4735	1.6060	1.1210	0.2418	0.1459	0.1334	0.0849
	0.0737	0.0815	0.0966	0.3392	0.3410	0.5005	1.6770	1.1580	0.2467	0.1494	0.1364	0.0854
	0.0738	0.0819	0.0975	0.1724	0.3533	0.5248	1.7430	1.1910	0.2510	0.1527	0.1393	0.0891
325	0.1029	0.1061	0.1131	0.1504	0.2203	0.3020	0.7630	0.5928	0.1950	0.1384	0.1323	0.1089
	0.1026	0.1059	0.1151	0.1517	0.2257	0.2709	0.7886	0.6101	0.1962	0.1396	0.1331	0.1087

OBJECTID	1月	2月	3月	4月	5月	6月	7月	8月	9月	10月	11月	12月
	0.1022	0.1057	0.1164	0.1527	0.2305	0.3009	0.8186	0.6271	0.1985	0.1406	0.1339	0.1085
	0.1018	0.1055	0.1141	0.1538	0.2354	0.3166	0.8495	0.6437	0.2002	0.1417	0.1348	0.1084
	0.1015	0.1054	0.1159	0.1549	0.2405	0.3073	0.8795	0.6594	0.2020	0.1428	0.1357	0.1083
325	0.1011	0.1052	0.1159	0.1559	0.2456	0.3245	0.9093	0.6748	0.2036	0.1440	0.1367	0.1082
	0.1008	0.1051	0.1152	0.1569	0.2508	0.3373	0.9388	0.6897	0.2052	0.1452	0.1377	0.1081
	0.1005	0.1050	0.1164	0.1580	0.2560	0.3383	0.9680	0.7040	0.2066	0.1464	0.1387	0.1080
	0.1003	0.1049	0.1162	0.2602	0.2615	0.3508	0.9987	0.7190	0.2082	0.1477	0.1398	0.1080
	0.1000	0.1048	0.1163	0.1605	0.2668	0.3620	1.0270	0.7325	0.2096	0.1490	0.1409	0.1119
	0.0984	0.1037	0.1127	0.1740	0.2905	0.4368	1.2770	0.9666	0.2485	0.1553	0.1451	0.1077
	0.0984	0.1041	0.1167	0.1790	0.3065	0.3887	1.3590	1.0220	0.2551	0.1595	0.1484	0.1082
	0.0983	0.1045	0.1199	0.1836	0.3211	0.4540	1.4490	1.0780	0.2636	0.1634	0.1517	0.1087
	0.0982	0.1049	0.1171	0.1883	0.3362	0.4930	1.5410	1.1320	0.2708	0.1673	0.1550	0.1092
326	0.0982	0.1053	0.1211	0.1928	0.3516	0.4827	1.6300	1.1830	0.2780	0.1714	0.1584	0.1097
	0.0981	0.1057	0.1221	0.1973	0.3669	0.5251	1.7180	1.2330	0.2847	0.1755	0.1619	0.1103
	0.0981	0.1062	0.1218	0.2016	0.3823	0.5589	1.8060	1.2820	0.2913	0.1796	0.1654	0.1109
	0.0980	0.1066	0.1249	0.2060	0.3978	0.5680	1.8920	1.3290	0.2975	0.1837	0.1690	0.1114
	0.0980	0.1071	0.1254	0.4119	0.4142	0.6017	1.9830	1.3770	0.3040	0.1882	0.1728	0.1121
	0.0980	0.1077	0.1266	0.2153	0.4298	0.6322	2.0680	1.4210	0.3098	0.1924	0.1765	0.1168
	0.1043	0.1146	0.1294	0.2506	0.4827	0.7836	2.5210	1.8400	0.3854	0.2090	0.1896	0.1204
	0.1042	0.1151	0.1360	0.2551	0.4998	0.6602	2.5870	1.8850	0.3888	0.2135	0.1931	0.1209
	0.1041	0.1155	0.1409	0.2591	0.5146	0.7670	2.6720	1.9290	0.3961	0.2176	0.1966	0.1214
327	0.1039	0.1159	0.1352	0.2631	0.5301	0.8192	2.7600	1.9730	0.4012	0.2218	0.2003	0.1219
	0.1038	0.1163	0.1413	0.2671	0.5461	0.7802	2.8460	2.0140	0.4066	0.2260	0.2039	0.1224
	0.1037	0.1167	0.1422	0.2710	0.5620	0.8379	2.9300	2.0540	0.4115	0.2304	0.2077	0.1230
	0.1036	0.1172	0.1411	0.2749	0.5781	0.8791	3.0140	2.0930	0.4162	0.2347	0.2115	0.1235
	0.1035	0.1176	0.1453	0.2787	0.5943	0.8780	3.0970	2.1300	0.4207	0.2391	0.2154	0.1241

OBJECTID	1月	2月	3月	4月	5月	6月	7月	8月	9月	10月	11月	12月
327	0.1034	0.1182	0.1455	0.6089	0.6114	0.9180	3.1850	2.1690	0.4254	0.2438	0.2195	0.1247
	0.1034	0.1187	0.1466	0.2874	0.6278	0.9528	3.2670	2.2040	0.4295	0.2484	0.2235	0.1300
375	0.0889	0.0898	0.0939	0.1039	0.1213	0.1337	0.1927	0.1799	0.1180	0.1011	0.0994	0.0914
	0.0886	0.0894	0.0942	0.1038	0.1221	0.1301	0.1986	0.1839	0.1180	0.1010	0.0992	0.0910
	0.0882	0.0891	0.0943	0.1036	0.1227	0.1342	0.2048	0.1877	0.1181	0.1009	0.0990	0.0906
	0.0878	0.0887	0.0932	0.1034	0.1233	0.1365	0.2112	0.1915	0.1181	0.1008	0.0988	0.0903
	0.0874	0.0884	0.0935	0.1032	0.1240	0.1355	0.2173	0.1950	0.1181	0.1007	0.0987	0.0900
	0.0870	0.0880	0.0932	0.1031	0.1247	0.1381	0.2235	0.1985	0.1182	0.1006	0.0986	0.0896
	0.0867	0.0877	0.0926	0.1029	0.1255	0.1401	0.2296	0.2019	0.1182	0.1006	0.0985	0.0893
	0.0863	0.0874	0.0927	0.1028	0.1262	0.1404	0.2356	0.2052	0.1182	0.1005	0.0984	0.0891
	0.0860	0.0872	0.0924	0.1263	0.1271	0.1425	0.2420	0.2086	0.1183	0.1005	0.0984	0.0888
	0.0857	0.0869	0.0922	0.1028	0.1279	0.1443	0.2480	0.2117	0.1183	0.1005	0.0984	0.0918
377	0.0630	0.0639	0.0672	0.0784	0.0986	0.1179	0.2201	0.1848	0.0921	0.0747	0.0728	0.0651
	0.0627	0.0637	0.0676	0.0780	0.0985	0.1091	0.2185	0.1836	0.0913	0.0745	0.0726	0.0648
	0.0624	0.0634	0.0677	0.0775	0.0982	0.1135	0.2179	0.1823	0.0908	0.0741	0.0723	0.0645
	0.0621	0.0631	0.0667	0.0771	0.0979	0.1147	0.2175	0.1811	0.0902	0.0739	0.0720	0.0642
	0.0618	0.0628	0.0669	0.0767	0.0977	0.1112	0.2170	0.1799	0.0897	0.0736	0.0718	0.0640
	0.0615	0.0625	0.0666	0.0762	0.0975	0.1126	0.2166	0.1788	0.0891	0.0734	0.0715	0.0637
	0.0613	0.0623	0.0661	0.0758	0.0973	0.1132	0.2162	0.1777	0.0886	0.0731	0.0713	0.0634
	0.0610	0.0620	0.0661	0.0755	0.0971	0.1119	0.2158	0.1766	0.0881	0.0729	0.0711	0.0632
	0.0608	0.0618	0.0658	0.0965	0.0970	0.1123	0.2155	0.1756	0.0876	0.0727	0.0709	0.0630
	0.0605	0.0616	0.0656	0.0749	0.0969	0.1126	0.2152	0.1746	0.0871	0.0725	0.0707	0.0651
382	0.0937	0.0953	0.1005	0.1202	0.1563	0.1932	0.3932	0.3218	0.1440	0.1137	0.1104	0.0972
	0.0932	0.0950	0.1012	0.1198	0.1567	0.1770	0.3935	0.3218	0.1431	0.1135	0.1101	0.0968
	0.0928	0.0945	0.1015	0.1193	0.1569	0.1867	0.3958	0.3218	0.1427	0.1132	0.1098	0.0964
	0.0924	0.0941	0.0999	0.1188	0.1571	0.1901	0.3985	0.3218	0.1420	0.1130	0.1096	0.0960

OBJECTID	1 月	2 月	3 月	4 月	5 月	6 月	7 月	8 月	9 月	10 月	11 月	12 月
	0.0919	0.0938	0.1004	0.1184	0.1573	0.1841	0.4010	0.3218	0.1415	0.1127	0.1094	0.0956
	0.0915	0.0934	0.1000	0.1179	0.1576	0.1881	0.4036	0.3217	0.1409	0.1126	0.1092	0.0952
382	0.0911	0.0930	0.0993	0.1175	0.1580	0.1904	0.4062	0.3217	0.1403	0.1124	0.1090	0.0949
	0.0908	0.0927	0.0995	0.1171	0.1583	0.1885	0.4087	0.3216	0.1398	0.1122	0.1089	0.0946
	0.0904	0.0924	0.0990	0.1580	0.1587	0.1906	0.4116	0.3217	0.1393	0.1121	0.1087	0.0943
	0.0901	0.0921	0.0987	0.1166	0.1592	0.1923	0.4142	0.3217	0.1388	0.1120	0.1086	0.0975
	0.0945	0.0955	0.1000	0.1123	0.1339	0.1512	0.2370	0.2121	0.1283	0.1085	0.1064	0.0972
	0.0940	0.0951	0.1004	0.1117	0.1337	0.1439	0.2363	0.2114	0.1275	0.1081	0.1059	0.0967
	0.0936	0.0946	0.1004	0.1111	0.1333	0.1474	0.2362	0.2107	0.1269	0.1076	0.1055	0.0963
	0.0931	0.0942	0.0991	0.1105	0.1330	0.1483	0.2364	0.2101	0.1262	0.1072	0.1051	0.0958
383	0.0927	0.0938	0.0993	0.1100	0.1327	0.1454	0.2366	0.2095	0.1255	0.1069	0.1047	0.0954
	0.0923	0.0934	0.0988	0.1094	0.1324	0.1466	0.2367	0.2088	0.1249	0.1065	0.1044	0.0950
	0.0919	0.0930	0.0982	0.1089	0.1322	0.1470	0.2369	0.2083	0.1243	0.1062	0.1041	0.0946
	0.0915	0.0926	0.0982	0.1084	0.1320	0.1459	0.2371	0.2077	0.1237	0.1058	0.1037	0.0943
	0.0911	0.0923	0.0977	0.1311	0.1318	0.1463	0.2374	0.2072	0.1232	0.1055	0.1034	0.0939
	0.0908	0.0920	0.0973	0.1076	0.1317	0.1465	0.2377	0.2066	0.1226	0.1052	0.1032	0.0971
	0.1140	0.1175	0.1252	0.1654	0.2404	0.3269	0.8122	0.6247	0.2101	0.1511	0.1446	0.1202
	0.1135	0.1170	0.1267	0.1645	0.2407	0.2862	0.8056	0.6196	0.2079	0.1508	0.1443	0.1196
	0.1130	0.1165	0.1275	0.1636	0.2404	0.3084	0.8039	0.6145	0.2067	0.1504	0.1439	0.1191
	0.1124	0.1160	0.1247	0.1627	0.2403	0.3153	0.8033	0.6097	0.2050	0.1500	0.1436	0.1186
384	0.1119	0.1155	0.1259	0.1618	0.2403	0.2996	0.8026	0.6050	0.2036	0.1497	0.1433	0.1181
	0.1114	0.1150	0.1253	0.1609	0.2404	0.3078	0.8018	0.6004	0.2021	0.1494	0.1430	0.1176
	0.1109	0.1145	0.1242	0.1601	0.2405	0.3117	0.8011	0.5959	0.2007	0.1491	0.1428	0.1172
	0.1104	0.1141	0.1247	0.1594	0.2407	0.3061	0.8005	0.5915	0.1993	0.1489	0.1425	0.1168
	0.1100	0.1137	0.1240	0.2400	0.2409	0.3095	0.8002	0.5873	0.1980	0.1487	0.1424	0.1164
	0.1095	0.1133	0.1236	0.1582	0.2412	0.3118	0.7999	0.5831	0.1967	0.1485	0.1422	0.1203

续表

OBJECTID	1月	2月	3月	4月	5月	6月	7月	8月	9月	10月	11月	12月
389	0.0572	0.0578	0.0604	0.0667	0.0777	0.0852	0.1203	0.1121	0.0753	0.0648	0.0637	0.0587
	0.0570	0.0575	0.0605	0.0664	0.0774	0.0821	0.1197	0.1116	0.0748	0.0645	0.0634	0.0585
	0.0567	0.0572	0.0605	0.0660	0.0771	0.0833	0.1193	0.1110	0.0744	0.0643	0.0631	0.0582
	0.0564	0.0570	0.0598	0.0656	0.0768	0.0835	0.1191	0.1106	0.0739	0.0640	0.0629	0.0579
	0.0561	0.0567	0.0598	0.0652	0.0766	0.0822	0.1188	0.1101	0.0735	0.0637	0.0626	0.0576
	0.0559	0.0564	0.0596	0.0649	0.0763	0.0825	0.1185	0.1096	0.0732	0.0635	0.0624	0.0574
	0.0557	0.0562	0.0592	0.0645	0.0761	0.0825	0.1183	0.1092	0.0728	0.0632	0.0622	0.0572
	0.0554	0.0560	0.0591	0.0642	0.0759	0.0819	0.1180	0.1087	0.0724	0.0630	0.0620	0.0569
	0.0552	0.0558	0.0589	0.0753	0.0757	0.0819	0.1179	0.1083	0.0721	0.0628	0.0618	0.0567
	0.0550	0.0556	0.0586	0.0637	0.0755	0.0818	0.1177	0.1080	0.0717	0.0626	0.0616	0.0586
390	0.0814	0.0870	0.0960	0.1623	0.2886	0.4481	1.3620	0.9935	0.2320	0.1377	0.1273	0.0900
	0.0810	0.0867	0.0987	0.1614	0.2894	0.3712	1.3470	0.9825	0.2283	0.1377	0.1272	0.0896
	0.0806	0.0864	0.1004	0.1603	0.2893	0.4133	1.3420	0.9717	0.2267	0.1375	0.1271	0.0893
	0.0801	0.0860	0.0966	0.1593	0.2895	0.4264	1.3390	0.9614	0.2242	0.1374	0.1270	0.0889
	0.0797	0.0857	0.0987	0.1583	0.2898	0.3970	1.3350	0.9512	0.2220	0.1373	0.1270	0.0886
	0.0794	0.0853	0.0983	0.1574	0.2902	0.4125	1.3320	0.9412	0.2197	0.1373	0.1270	0.0882
	0.0790	0.0850	0.0970	0.1565	0.2907	0.4199	1.3290	0.9315	0.2176	0.1372	0.1270	0.0879
	0.0787	0.0848	0.0981	0.1556	0.2912	0.4093	1.3260	0.9220	0.2154	0.1372	0.1271	0.0876
	0.0783	0.0845	0.0974	0.2910	0.2918	0.4156	1.3230	0.9129	0.2134	0.1372	0.1271	0.0874
	0.0780	0.0843	0.0971	0.1543	0.2924	0.4199	1.3210	0.9038	0.2113	0.1373	0.1272	0.0903
391	0.0779	0.0799	0.0848	0.1085	0.1524	0.2020	0.4785	0.3760	0.1363	0.1006	0.0967	0.0818
	0.0776	0.0797	0.0859	0.1086	0.1543	0.1813	0.4857	0.3807	0.1361	0.1009	0.0969	0.0815
	0.0773	0.0794	0.0865	0.1086	0.1558	0.1969	0.4956	0.3853	0.1365	0.1011	0.0970	0.0813
	0.0769	0.0792	0.0849	0.1087	0.1574	0.2039	0.5061	0.3899	0.1366	0.1013	0.0971	0.0810
	0.0766	0.0789	0.0858	0.1088	0.1591	0.1969	0.5163	0.3942	0.1368	0.1015	0.0973	0.0808
	0.0763	0.0787	0.0856	0.1088	0.1608	0.2047	0.5263	0.3983	0.1369	0.1018	0.0975	0.0806

OBJECTID	1月	2月	3月	4月	5月	6月	7月	8月	9月	10月	11月	12月
391	0.0760	0.0785	0.0850	0.1089	0.1625	0.2100	0.5364	0.4024	0.1370	0.1021	0.0977	0.0804
	0.0757	0.0783	0.0855	0.1090	0.1643	0.2089	0.5463	0.4063	0.1371	0.1024	0.0980	0.0802
	0.0755	0.0781	0.0852	0.1654	0.1662	0.2140	0.5568	0.4104	0.1373	0.1027	0.0983	0.0800
	0.0752	0.0779	0.0851	0.1095	0.1681	0.2184	0.5667	0.4141	0.1373	0.1031	0.0986	0.0828
392	0.0700	0.0706	0.0738	0.0816	0.0949	0.1041	0.1468	0.1368	0.0920	0.0792	0.0779	0.0718
	0.0697	0.0703	0.0740	0.0811	0.0946	0.1003	0.1460	0.1362	0.0914	0.0789	0.0776	0.0715
	0.0693	0.0700	0.0740	0.0806	0.0943	0.1018	0.1455	0.1355	0.0909	0.0786	0.0772	0.0711
	0.0690	0.0697	0.0731	0.0802	0.0939	0.1020	0.1451	0.1348	0.0904	0.0782	0.0769	0.0708
	0.0687	0.0693	0.0732	0.0797	0.0936	0.1004	0.1447	0.1342	0.0899	0.0779	0.0766	0.0705
	0.0684	0.0690	0.0728	0.0793	0.0933	0.1007	0.1443	0.1336	0.0894	0.0776	0.0763	0.0702
	0.0681	0.0687	0.0724	0.0789	0.0930	0.1007	0.1439	0.1330	0.0889	0.0773	0.0760	0.0699
	0.0678	0.0685	0.0723	0.0785	0.0927	0.0999	0.1436	0.1324	0.0885	0.0770	0.0757	0.0696
	0.0675	0.0682	0.0720	0.0919	0.0925	0.0999	0.1432	0.1319	0.0880	0.0768	0.0755	0.0694
	0.0672	0.0679	0.0717	0.0778	0.0922	0.0998	0.1429	0.1314	0.0876	0.0765	0.0753	0.0717
393	0.0827	0.0835	0.0873	0.0965	0.1126	0.1240	0.1775	0.1655	0.1094	0.0939	0.0923	0.0849
	0.0823	0.0831	0.0876	0.0963	0.1129	0.1201	0.1803	0.1673	0.1091	0.0937	0.0920	0.0846
	0.0820	0.0828	0.0876	0.0959	0.1131	0.1231	0.1836	0.1691	0.1089	0.0934	0.0917	0.0842
	0.0816	0.0824	0.0866	0.0956	0.1133	0.1245	0.1869	0.1709	0.1087	0.0932	0.0915	0.0838
	0.0812	0.0821	0.0868	0.0953	0.1135	0.1231	0.1901	0.1725	0.1084	0.0930	0.0913	0.0835
	0.0809	0.0817	0.0864	0.0950	0.1137	0.1247	0.1933	0.1742	0.1082	0.0928	0.0911	0.0832
	0.0805	0.0814	0.0859	0.0948	0.1140	0.1259	0.1965	0.1758	0.1080	0.0927	0.0909	0.0829
	0.0802	0.0811	0.0859	0.0945	0.1143	0.1257	0.1997	0.1773	0.1078	0.0925	0.0907	0.0826
	0.0799	0.0809	0.0856	0.1140	0.1146	0.1268	0.2031	0.1790	0.1077	0.0924	0.0906	0.0823
	0.0796	0.0806	0.0853	0.0941	0.1150	0.1278	0.2063	0.1804	0.1075	0.0923	0.0905	0.0851
396	0.0989	0.0999	0.1044	0.1155	0.1349	0.1487	0.2139	0.1997	0.1312	0.1125	0.1105	0.1016
	0.0985	0.0995	0.1048	0.1154	0.1357	0.1446	0.2201	0.2039	0.1311	0.1124	0.1103	0.1012

续表

OBJECTID	1 月	2 月	3 月	4 月	5 月	6 月	7 月	8 月	9 月	10 月	11 月	12 月
396	0.0981	0.0991	0.1049	0.1152	0.1363	0.1490	0.2267	0.2080	0.1312	0.1122	0.1101	0.1008
	0.0976	0.0987	0.1037	0.1149	0.1370	0.1515	0.2335	0.2119	0.1312	0.1120	0.1099	0.1004
	0.0972	0.0983	0.1040	0.1148	0.1377	0.1503	0.2401	0.2157	0.1312	0.1119	0.1097	0.1001
	0.0968	0.0979	0.1036	0.1146	0.1384	0.1531	0.2466	0.2194	0.1312	0.1118	0.1096	0.0997
	0.0964	0.0976	0.1030	0.1144	0.1392	0.1552	0.2531	0.2230	0.1313	0.1118	0.1095	0.0994
	0.0960	0.0972	0.1031	0.1142	0.1400	0.1556	0.2596	0.2265	0.1313	0.1117	0.1094	0.0991
	0.0957	0.0969	0.1027	0.1401	0.1409	0.1578	0.2664	0.2302	0.1313	0.1117	0.1094	0.0988
	0.0953	0.0967	0.1025	0.1141	0.1417	0.1598	0.2728	0.2334	0.1313	0.1117	0.1093	0.1021
397	0.0890	0.0996	0.1141	0.2381	0.4754	0.7835	2.5580	1.8350	0.3659	0.1914	0.1721	0.1043
	0.0885	0.0993	0.1194	0.2367	0.4775	0.6345	2.5300	1.8140	0.3593	0.1920	0.1723	0.1039
	0.0881	0.0990	0.1227	0.2351	0.4777	0.7167	2.5210	1.7930	0.3566	0.1919	0.1725	0.1035
	0.0876	0.0986	0.1160	0.2336	0.4785	0.7428	2.5150	1.7740	0.3522	0.1920	0.1728	0.1031
	0.0872	0.0983	0.1203	0.2321	0.4797	0.6862	2.5100	1.7550	0.3485	0.1922	0.1731	0.1028
	0.0867	0.0979	0.1198	0.2307	0.4809	0.7167	2.5040	1.7360	0.3445	0.1924	0.1734	0.1025
	0.0863	0.0976	0.1176	0.2293	0.4822	0.7316	2.4980	1.7170	0.3407	0.1927	0.1737	0.1022
	0.0859	0.0974	0.1199	0.2280	0.4835	0.7115	2.4930	1.6990	0.3370	0.1930	0.1741	0.1019
	0.0855	0.0971	0.1189	0.4840	0.4850	0.7241	2.4890	1.6820	0.3334	0.1933	0.1745	0.1016
	0.0852	0.0969	0.1185	0.2263	0.4866	0.7330	2.4850	1.6650	0.3298	0.1937	0.1750	0.1051
398	0.0732	0.0744	0.0782	0.0922	0.1180	0.1452	0.2977	0.2657	0.1174	0.0910	0.0882	0.0766
	0.0732	0.0748	0.0800	0.0971	0.1315	0.1525	0.3806	0.3232	0.1254	0.0945	0.0909	0.0771
	0.0733	0.0752	0.0817	0.1017	0.1445	0.1831	0.4646	0.3796	0.1338	0.0979	0.0938	0.0776
	0.0733	0.0756	0.0813	0.1062	0.1577	0.2091	0.5482	0.4345	0.1417	0.1013	0.0966	0.0782
	0.0733	0.0760	0.0835	0.1107	0.1710	0.2190	0.6300	0.4871	0.1493	0.1048	0.0995	0.0787
	0.0733	0.0764	0.0844	0.1151	0.1842	0.2465	0.7111	0.5384	0.1566	0.1083	0.1024	0.0792
	0.0733	0.0769	0.0849	0.1194	0.1975	0.2717	0.7914	0.5881	0.1636	0.1119	0.1054	0.0798
	0.0734	0.0773	0.0868	0.1236	0.2109	0.2866	0.8706	0.6362	0.1704	0.1154	0.1084	0.0803

续表

OBJECTID	1月	2月	3月	4月	5月	6月	7月	8月	9月	10月	11月	12月
398	0.0734	0.0778	0.0875	0.2231	0.2249	0.3125	0.9533	0.6856	0.1774	0.1192	0.1116	0.0809
	0.0735	0.0783	0.0886	0.1325	0.2384	0.3367	1.0310	0.7308	0.1837	0.1229	0.1147	0.0845
403	0.1078	0.1239	0.1450	0.3334	0.6957	1.1720	3.9340	2.8480	0.5421	0.2687	0.2385	0.1322
	0.1080	0.1250	0.1555	0.3415	0.7243	0.9782	4.0480	2.9250	0.5486	0.2765	0.2446	0.1334
	0.1081	0.1260	0.1636	0.3486	0.7493	1.1500	4.1900	3.0000	0.5613	0.2836	0.2508	0.1345
	0.1082	0.1269	0.1551	0.3558	0.7754	1.2350	4.3370	3.0740	0.5705	0.2908	0.2572	0.1357
	0.1083	0.1280	0.1650	0.3629	0.8022	1.1750	4.4800	3.1440	0.5801	0.2982	0.2636	0.1368
	0.1084	0.1288	0.1668	0.3698	0.8290	1.2690	4.6210	3.2120	0.5889	0.3056	0.2700	0.1380
	0.1085	0.1299	0.1655	0.3767	0.8559	1.3370	4.7620	3.2780	0.5974	0.3132	0.2766	0.1392
	0.1086	0.1310	0.1725	0.3834	0.8831	1.3370	4.9010	3.3420	0.6054	0.3207	0.2833	0.1404
	0.1088	0.1320	0.1732	0.9080	0.9117	1.4030	5.0470	3.4080	0.6139	0.3288	0.2904	0.1417
	0.1089	0.1332	0.1753	0.3987	0.9391	1.4600	5.1850	3.4670	0.6212	0.3365	0.2972	0.1482
467	0.0623	0.0629	0.0658	0.0728	0.0849	0.0935	0.1338	0.1246	0.0824	0.0708	0.0695	0.0640
	0.0621	0.0627	0.0660	0.0725	0.0851	0.0905	0.1355	0.1257	0.0821	0.0706	0.0693	0.0637
	0.0618	0.0624	0.0660	0.0722	0.0851	0.0926	0.1375	0.1268	0.0819	0.0704	0.0691	0.0634
	0.0615	0.0621	0.0652	0.0720	0.0852	0.0935	0.1396	0.1278	0.0817	0.0702	0.0689	0.0632
	0.0612	0.0618	0.0653	0.0717	0.0853	0.0924	0.1416	0.1288	0.0815	0.0700	0.0687	0.0629
	0.0609	0.0616	0.0651	0.0715	0.0854	0.0935	0.1436	0.1297	0.0813	0.0698	0.0685	0.0627
	0.0607	0.0613	0.0647	0.0713	0.0855	0.0942	0.1455	0.1307	0.0811	0.0697	0.0684	0.0624
	0.0604	0.0611	0.0647	0.0710	0.0857	0.0940	0.1475	0.1316	0.0809	0.0696	0.0682	0.0622
	0.0602	0.0609	0.0644	0.0854	0.0858	0.0947	0.1496	0.1325	0.0808	0.0695	0.0681	0.0620
	0.0600	0.0607	0.0642	0.0707	0.0860	0.0953	0.1516	0.1334	0.0806	0.0693	0.0680	0.0641
473	0.0721	0.0730	0.0765	0.0872	0.1064	0.1232	0.2097	0.1826	0.1011	0.0839	0.0821	0.0743
	0.0717	0.0727	0.0769	0.0870	0.1066	0.1164	0.2112	0.1836	0.1006	0.0837	0.0819	0.0740
	0.0714	0.0723	0.0770	0.0866	0.1067	0.1208	0.2135	0.1845	0.1004	0.0835	0.0816	0.0736
	0.0711	0.0720	0.0759	0.0863	0.1069	0.1225	0.2160	0.1854	0.1001	0.0833	0.0814	0.0733

续表

OBJECTID	1 月	2 月	3 月	4 月	5 月	6 月	7 月	8 月	9 月	10 月	11 月	12 月
473	0.0707	0.0717	0.0762	0.0860	0.1071	0.1200	0.2184	0.1862	0.0998	0.0831	0.0812	0.0731
	0.0704	0.0714	0.0759	0.0857	0.1073	0.1220	0.2208	0.1870	0.0995	0.0830	0.0811	0.0728
	0.0701	0.0712	0.0754	0.0854	0.1075	0.1232	0.2232	0.1878	0.0992	0.0828	0.0809	0.0725
	0.0699	0.0709	0.0755	0.0852	0.1077	0.1225	0.2256	0.1886	0.0989	0.0827	0.0808	0.0723
	0.0696	0.0707	0.0751	0.1075	0.1080	0.1237	0.2281	0.1895	0.0987	0.0826	0.0807	0.0720
	0.0693	0.0704	0.0749	0.0848	0.1083	0.1247	0.2305	0.1902	0.0984	0.0825	0.0805	0.0745
474	0.0675	0.0721	0.0794	0.1332	0.2356	0.3649	1.1050	0.8077	0.1900	0.1133	0.1049	0.0745
	0.0672	0.0718	0.0816	0.1326	0.2367	0.3032	1.0950	0.8004	0.1873	0.1135	0.1049	0.0742
	0.0668	0.0715	0.0830	0.1319	0.2369	0.3379	1.0940	0.7932	0.1862	0.1134	0.1049	0.0739
	0.0665	0.0713	0.0799	0.1312	0.2374	0.3492	1.0940	0.7864	0.1844	0.1134	0.1049	0.0737
	0.0662	0.0710	0.0817	0.1305	0.2381	0.3258	1.0930	0.7797	0.1829	0.1134	0.1050	0.0734
	0.0659	0.0708	0.0814	0.1298	0.2388	0.3390	1.0930	0.7731	0.1812	0.1135	0.1050	0.0732
	0.0656	0.0705	0.0803	0.1292	0.2395	0.3457	1.0920	0.7666	0.1797	0.1135	0.1051	0.0729
	0.0653	0.0703	0.0813	0.1286	0.2403	0.3376	1.0920	0.7603	0.1782	0.1136	0.1052	0.0727
	0.0650	0.0701	0.0808	0.2405	0.2412	0.3433	1.0920	0.7542	0.1767	0.1137	0.1054	0.0725
	0.0648	0.0699	0.0805	0.1279	0.2420	0.3475	1.0920	0.7482	0.1752	0.1139	0.1055	0.0750
475	0.0669	0.0675	0.0706	0.0781	0.0913	0.1007	0.1456	0.1358	0.0888	0.0761	0.0747	0.0687
	0.0666	0.0672	0.0708	0.0781	0.0919	0.0980	0.1500	0.1388	0.0888	0.0760	0.0746	0.0684
	0.0663	0.0670	0.0709	0.0779	0.0923	0.1011	0.1547	0.1417	0.0889	0.0759	0.0744	0.0681
	0.0660	0.0667	0.0701	0.0778	0.0928	0.1028	0.1596	0.1445	0.0889	0.0758	0.0743	0.0679
	0.0657	0.0664	0.0703	0.0777	0.0934	0.1021	0.1642	0.1472	0.0889	0.0757	0.0742	0.0676
	0.0654	0.0662	0.0701	0.0776	0.0939	0.1040	0.1689	0.1499	0.0889	0.0757	0.0742	0.0674
	0.0652	0.0660	0.0697	0.0775	0.0945	0.1056	0.1735	0.1524	0.0890	0.0756	0.0741	0.0672
	0.0649	0.0657	0.0697	0.0774	0.0950	0.1058	0.1781	0.1549	0.0890	0.0756	0.0740	0.0670
	0.0647	0.0655	0.0695	0.0951	0.0957	0.1074	0.1830	0.1575	0.0890	0.0756	0.0740	0.0668
	0.0644	0.0653	0.0693	0.0773	0.0963	0.1088	0.1875	0.1599	0.0891	0.0756	0.0740	0.0690

续表

OBJECTID	1月	2月	3月	4月	5月	6月	7月	8月	9月	10月	11月	12月
	0.0718	0.0725	0.0758	0.0838	0.0977	0.1075	0.1536	0.1430	0.0948	0.0815	0.0801	0.0737
	0.0715	0.0722	0.0760	0.0835	0.0978	0.1040	0.1551	0.1440	0.0945	0.0813	0.0798	0.0734
	0.0711	0.0718	0.0760	0.0832	0.0978	0.1063	0.1570	0.1449	0.0942	0.0810	0.0795	0.0731
	0.0708	0.0715	0.0751	0.0828	0.0978	0.1072	0.1589	0.1459	0.0939	0.0808	0.0793	0.0728
476	0.0705	0.0712	0.0753	0.0825	0.0979	0.1059	0.1608	0.1467	0.0936	0.0805	0.0791	0.0725
	0.0702	0.0709	0.0749	0.0822	0.0980	0.1070	0.1627	0.1476	0.0934	0.0803	0.0789	0.0722
	0.0699	0.0706	0.0745	0.0819	0.0980	0.1077	0.1646	0.1484	0.0931	0.0801	0.0787	0.0719
	0.0696	0.0704	0.0745	0.0816	0.0981	0.1074	0.1665	0.1492	0.0929	0.0800	0.0785	0.0716
	0.0693	0.0701	0.0742	0.0977	0.0983	0.1081	0.1686	0.1501	0.0926	0.0798	0.0783	0.0714
	0.0691	0.0699	0.0739	0.0812	0.0984	0.1087	0.1705	0.1509	0.0924	0.0797	0.0782	0.0738
	0.0591	0.0600	0.0631	0.0741	0.0941	0.1136	0.2185	0.1835	0.0881	0.0707	0.0689	0.0612
	0.0588	0.0598	0.0636	0.0741	0.0950	0.1062	0.2235	0.1868	0.0880	0.0708	0.0688	0.0610
	0.0586	0.0596	0.0638	0.0741	0.0957	0.1126	0.2294	0.1900	0.0882	0.0708	0.0688	0.0608
	0.0583	0.0594	0.0629	0.0741	0.0966	0.1157	0.2355	0.1932	0.0883	0.0708	0.0688	0.0606
480	0.0581	0.0592	0.0633	0.0741	0.0974	0.1133	0.2415	0.1962	0.0884	0.0709	0.0688	0.0604
	0.0578	0.0590	0.0631	0.0740	0.0983	0.1168	0.2474	0.1991	0.0885	0.0709	0.0689	0.0602
	0.0576	0.0588	0.0627	0.0740	0.0992	0.1193	0.2532	0.2020	0.0886	0.0710	0.0689	0.0600
	0.0574	0.0586	0.0629	0.0740	0.1001	0.1192	0.2591	0.2047	0.0887	0.0711	0.0690	0.0598
	0.0572	0.0584	0.0627	0.1005	0.1010	0.1217	0.2652	0.2076	0.0888	0.0712	0.0691	0.0597
	0.0570	0.0583	0.0626	0.0742	0.1020	0.1238	0.2710	0.2102	0.0889	0.0714	0.0691	0.0618
	0.0714	0.0722	0.0757	0.0856	0.1051	0.1288	0.2753	0.3067	0.1291	0.0953	0.0917	0.0767
	0.0725	0.0747	0.0809	0.1050	0.1552	0.1907	0.5852	0.5222	0.1613	0.1087	0.1027	0.0795
481	0.0735	0.0771	0.0866	0.1232	0.2035	0.2846	0.8954	0.7338	0.1938	0.1221	0.1138	0.0823
	0.0745	0.0795	0.0886	0.1414	0.2525	0.3750	1.2030	0.9396	0.2246	0.1356	0.1251	0.0851
	0.0755	0.0819	0.0954	0.1592	0.3019	0.4248	1.5040	1.1370	0.2543	0.1491	0.1363	0.0878
	0.0765	0.0842	0.1000	0.1765	0.3508	0.5197	1.8030	1.3290	0.2829	0.1627	0.1478	0.0906

续表

OBJECTID	1月	2月	3月	4月	5月	6月	7月	8月	9月	10月	11月	12月
481	0.0775	0.0866	0.1031	0.1936	0.4000	0.6091	2.0990	1.5160	0.3106	0.1764	0.1593	0.0934
	0.0784	0.0890	0.1099	0.2103	0.4494	0.6690	2.3900	1.6960	0.3372	0.1901	0.1709	0.0962
	0.0793	0.0914	0.1138	0.4961	0.5013	0.7617	2.6940	1.8810	0.3644	0.2046	0.1832	0.0991
	0.0803	0.0940	0.1185	0.2446	0.5508	0.8490	2.9800	2.0510	0.3892	0.2185	0.1951	0.1057
699	0.0650	0.0730	0.0837	0.1763	0.3543	0.5887	1.9490	1.4350	0.2865	0.1477	0.1323	0.0779
	0.0654	0.0741	0.0900	0.1849	0.3803	0.5107	2.0790	1.5250	0.2976	0.1547	0.1380	0.0792
	0.0657	0.0751	0.0953	0.1928	0.4042	0.6163	2.2230	1.6130	0.3116	0.1614	0.1437	0.0805
	0.0660	0.0762	0.0918	0.2007	0.4287	0.6794	2.3690	1.6990	0.3236	0.1682	0.1495	0.0817
	0.0664	0.0773	0.0982	0.2085	0.4537	0.6625	2.5120	1.7810	0.3355	0.1751	0.1554	0.0830
	0.0667	0.0783	0.1002	0.2161	0.4785	0.7310	2.6530	1.8600	0.3468	0.1820	0.1613	0.0842
	0.0670	0.0794	0.1003	0.2236	0.5035	0.7855	2.7930	1.9380	0.3577	0.1890	0.1673	0.0855
	0.0673	0.0806	0.1054	0.2309	0.5287	0.8001	2.9310	2.0120	0.3680	0.1960	0.1733	0.0868
	0.0676	0.0817	0.1067	0.5521	0.5551	0.8544	3.0750	2.0900	0.3788	0.2034	0.1798	0.0881
	0.0679	0.0829	0.1089	0.2467	0.5804	0.9035	3.2110	2.1600	0.3884	0.2105	0.1860	0.0927
704	0.0775	0.0855	0.0969	0.1909	0.3708	0.6033	1.9410	1.4000	0.2893	0.1561	0.1413	0.0893
	0.0771	0.0853	0.1010	0.1905	0.3741	0.4935	1.9310	1.3920	0.2854	0.1569	0.1418	0.0891
	0.0768	0.0851	0.1037	0.1899	0.3759	0.5585	1.9350	1.3840	0.2845	0.1573	0.1423	0.0888
	0.0764	0.0849	0.0987	0.1893	0.3781	0.5811	1.9420	1.3760	0.2822	0.1578	0.1429	0.0886
	0.0761	0.0847	0.1021	0.1888	0.3806	0.5403	1.9480	1.3680	0.2804	0.1584	0.1434	0.0884
	0.0757	0.0845	0.1018	0.1883	0.3832	0.5665	1.9540	1.3610	0.2784	0.1590	0.1440	0.0882
	0.0754	0.0843	0.1003	0.1878	0.3859	0.5807	1.9600	1.3540	0.2764	0.1596	0.1446	0.0881
	0.0751	0.0842	0.1022	0.1873	0.3886	0.5677	1.9660	1.3460	0.2745	0.1602	0.1453	0.0879
	0.0749	0.0840	0.1015	0.3905	0.3914	0.5803	1.9730	1.3400	0.2727	0.1610	0.1460	0.0878
	0.0746	0.0839	0.1014	0.1872	0.3943	0.5900	1.9800	1.3330	0.2708	0.1617	0.1467	0.0909
705	0.1093	0.1110	0.1167	0.1366	0.1729	0.2085	0.4001	0.3400	0.1634	0.1311	0.1276	0.1133
	0.1089	0.1107	0.1177	0.1375	0.1768	0.1983	0.4229	0.3556	0.1648	0.1318	0.1280	0.1130
	0.1085	0.1104	0.1184	0.1383	0.1803	0.2137	0.4474	0.3708	0.1666	0.1324	0.1285	0.1128

续表

OBJECTID	1月	2月	3月	4月	5月	6月	7月	8月	9月	10月	11月	12月
	0.1080	0.1101	0.1168	0.1390	0.1839	0.2233	0.4721	0.3857	0.1682	0.1330	0.1290	0.1125
	0.1077	0.1099	0.1178	0.1398	0.1877	0.2213	0.4962	0.4000	0.1697	0.1337	0.1295	0.1123
	0.1073	0.1096	0.1177	0.1406	0.1914	0.2318	0.5202	0.4138	0.1711	0.1345	0.1301	0.1121
705	0.1069	0.1094	0.1172	0.1413	0.1952	0.2402	0.5439	0.4273	0.1725	0.1352	0.1307	0.1119
	0.1066	0.1092	0.1178	0.1421	0.1990	0.2428	0.5673	0.4403	0.1739	0.1360	0.1313	0.1117
	0.1062	0.1090	0.1176	0.2019	0.2031	0.2513	0.5919	0.4538	0.1753	0.1369	0.1320	0.1116
	0.1059	0.1088	0.1176	0.1439	0.2070	0.2590	0.6150	0.4660	0.1765	0.1377	0.1327	0.1156
	0.0711	0.0733	0.0784	0.1054	0.1575	0.2233	0.6089	0.5191	0.1578	0.1051	0.0994	0.0774
	0.0718	0.0751	0.0830	0.1194	0.1945	0.2452	0.8315	0.6735	0.1803	0.1150	0.1074	0.0794
	0.0724	0.0767	0.0877	0.1324	0.2299	0.3268	1.0570	0.8253	0.2037	0.1248	0.1156	0.0814
	0.0731	0.0784	0.0881	0.1455	0.2658	0.3971	1.2810	0.9729	0.2255	0.1347	0.1239	0.0833
811	0.0737	0.0801	0.0937	0.1583	0.3021	0.4247	1.5010	1.1140	0.2467	0.1446	0.1321	0.0853
	0.0743	0.0818	0.0969	0.1707	0.3381	0.4989	1.7190	1.2520	0.2670	0.1545	0.1405	0.0873
	0.0749	0.0835	0.0989	0.1829	0.3743	0.5667	1.9350	1.3860	0.2867	0.1646	0.1490	0.0892
	0.0756	0.0852	0.1042	0.1950	0.4107	0.6073	2.1470	1.5150	0.3055	0.1746	0.1575	0.0912
	0.0762	0.0869	0.1069	0.4449	0.4489	0.6772	2.3690	1.6480	0.3248	0.1853	0.1666	0.0933
	0.0768	0.0887	0.1102	0.2198	0.4854	0.7425	2.5780	1.7690	0.3424	0.1955	0.1754	0.0988
	0.0405	0.0414	0.0438	0.0541	0.0733	0.0941	0.2093	0.1682	0.0668	0.0508	0.0491	0.0423
	0.0403	0.0413	0.0442	0.0543	0.0744	0.0861	0.2149	0.1719	0.0669	0.0510	0.0492	0.0422
	0.0402	0.0411	0.0445	0.0544	0.0754	0.0933	0.2215	0.1756	0.0673	0.0512	0.0493	0.0421
	0.0400	0.0410	0.0438	0.0545	0.0764	0.0969	0.2284	0.1792	0.0676	0.0513	0.0494	0.0419
814	0.0398	0.0409	0.0442	0.0547	0.0775	0.0943	0.2351	0.1826	0.0679	0.0515	0.0496	0.0418
	0.0397	0.0408	0.0441	0.0548	0.0786	0.0983	0.2418	0.1859	0.0681	0.0517	0.0497	0.0417
	0.0395	0.0407	0.0439	0.0549	0.0797	0.1012	0.2484	0.1892	0.0683	0.0519	0.0499	0.0416
	0.0394	0.0406	0.0441	0.0551	0.0808	0.1013	0.2549	0.1923	0.0686	0.0521	0.0500	0.0416
	0.0393	0.0405	0.0440	0.0816	0.0820	0.1041	0.2618	0.1955	0.0688	0.0523	0.0502	0.0415
	0.0392	0.0404	0.0440	0.0555	0.0832	0.1066	0.2683	0.1984	0.0690	0.0526	0.0504	0.0430

续表

OBJECTID	1 月	2 月	3 月	4 月	5 月	6 月	7 月	8 月	9 月	10 月	11 月	12 月
	0.0660	0.0763	0.0895	0.2092	0.4390	0.7410	2.4880	1.7900	0.3377	0.1665	0.1475	0.0811
	0.0660	0.0766	0.0956	0.2118	0.4509	0.6088	2.5210	1.8110	0.3378	0.1697	0.1500	0.0814
	0.0659	0.0769	0.1000	0.2140	0.4606	0.7069	2.5720	1.8330	0.3417	0.1725	0.1525	0.0818
	0.0658	0.0772	0.0943	0.2162	0.4710	0.7498	2.6270	1.8540	0.3436	0.1753	0.1551	0.0821
815	0.0657	0.0775	0.0998	0.2185	0.4819	0.7047	2.6790	1.8730	0.3459	0.1783	0.1577	0.0825
	0.0656	0.0777	0.1003	0.2207	0.4927	0.7529	2.7320	1.8920	0.3478	0.1813	0.1604	0.0829
	0.0655	0.0781	0.0990	0.2228	0.5036	0.7847	2.7840	1.9100	0.3497	0.1843	0.1631	0.0832
	0.0655	0.0784	0.1026	0.2250	0.5146	0.7770	2.8350	1.9280	0.3513	0.1874	0.1658	0.0836
	0.0654	0.0788	0.1025	0.5245	0.5262	0.8072	2.8900	1.9470	0.3533	0.1907	0.1688	0.0841
	0.0654	0.0792	0.1032	0.2303	0.5374	0.8329	2.9410	1.9630	0.3548	0.1938	0.1716	0.0876
	0.0568	0.0575	0.0602	0.0679	0.0826	0.0987	0.1940	0.2063	0.0945	0.0725	0.0701	0.0602
	0.0574	0.0587	0.0631	0.0783	0.1096	0.1307	0.3613	0.3226	0.1117	0.0796	0.0759	0.0616
	0.0578	0.0599	0.0662	0.0880	0.1357	0.1821	0.5289	0.4369	0.1292	0.0868	0.0819	0.0631
	0.0583	0.0611	0.0670	0.0977	0.1621	0.2312	0.6955	0.5480	0.1457	0.0940	0.0879	0.0645
928	0.0587	0.0624	0.0708	0.1073	0.1887	0.2575	0.8583	0.6546	0.1616	0.1012	0.0939	0.0659
	0.0592	0.0636	0.0731	0.1165	0.2151	0.3090	1.0190	0.7584	0.1770	0.1085	0.1000	0.0673
	0.0596	0.0648	0.0747	0.1256	0.2416	0.3575	1.1790	0.8592	0.1919	0.1158	0.1062	0.0688
	0.0601	0.0660	0.0784	0.1346	0.2683	0.3896	1.3370	0.9565	0.2061	0.1232	0.1124	0.0702
	0.0605	0.0672	0.0804	0.2933	0.2963	0.4398	1.5010	1.0560	0.2207	0.1310	0.1190	0.0717
	0.0609	0.0686	0.0828	0.1530	0.3230	0.4870	1.6560	1.1480	0.2340	0.1384	0.1254	0.0759
	0.0995	0.1204	0.1462	0.3901	0.8601	1.4850	5.1150	3.6980	0.6645	0.3085	0.2691	0.1312
	0.1002	0.1225	0.1609	0.4045	0.9071	1.2430	5.3210	3.8390	0.6795	0.3214	0.2794	0.1335
929	0.1008	0.1245	0.1726	0.4176	0.9491	1.4860	5.5650	3.9770	0.7025	0.3335	0.2899	0.1358
	0.1014	0.1265	0.1625	0.4308	0.9927	1.6140	5.8160	4.1120	0.7206	0.3457	0.3006	0.1381
	0.1020	0.1285	0.1768	0.4438	1.0370	1.5450	6.0590	4.2410	0.7391	0.3582	0.3113	0.1404
	0.1026	0.1304	0.1802	0.4564	1.0810	1.6860	6.3000	4.3660	0.7562	0.3707	0.3221	0.1427

OBJECTID	1 月	2 月	3 月	4 月	5 月	6 月	7 月	8 月	9 月	10 月	11 月	12 月
929	0.1031	0.1324	0.1794	0.4688	1.1260	1.7920	6.5390	4.4880	0.7728	0.3833	0.3331	0.1450
	0.1037	0.1345	0.1899	0.4810	1.1710	1.8030	6.7750	4.6040	0.7886	0.3960	0.3442	0.1473
	0.1042	0.1365	0.1918	1.2130	1.2180	1.9070	7.0230	4.7260	0.8050	0.4094	0.3560	0.1497
	0.1049	0.1387	0.1956	0.5079	1.2640	1.9990	7.2570	4.8350	0.8195	0.4223	0.3673	0.1577
930	0.0990	0.1017	0.1083	0.1412	0.2040	0.2811	0.7289	0.6203	0.2020	0.1395	0.1328	0.1065
	0.0996	0.1035	0.1134	0.1559	0.2433	0.3012	0.9649	0.7841	0.2256	0.1499	0.1412	0.1085
	0.1002	0.1051	0.1184	0.1696	0.2808	0.3896	1.2040	0.9450	0.2502	0.1602	0.1497	0.1105
	0.1008	0.1068	0.1184	0.1833	0.3190	0.4647	1.4430	1.1010	0.2733	0.1706	0.1584	0.1125
	0.1013	0.1085	0.1245	0.1967	0.3575	0.4927	1.6760	1.2510	0.2955	0.1810	0.1671	0.1144
	0.1019	0.1102	0.1278	0.2098	0.3956	0.5722	1.9080	1.3970	0.3169	0.1915	0.1760	0.1164
	0.1024	0.1119	0.1297	0.2227	0.4341	0.6445	2.1370	1.5390	0.3376	0.2021	0.1849	0.1184
	0.1030	0.1136	0.1354	0.2353	0.4727	0.6872	2.3630	1.6760	0.3575	0.2127	0.1939	0.1204
	0.1035	0.1153	0.1380	0.5088	0.5132	0.7616	2.5980	1.8170	0.3778	0.2240	0.2035	0.1226
	0.1041	0.1172	0.1416	0.2614	0.5520	0.8311	2.8200	1.9460	0.3963	0.2348	0.2127	0.1292
931	0.0717	0.0757	0.0825	0.1296	0.2204	0.3388	1.0310	0.8231	0.2050	0.1229	0.1139	0.0806
	0.0725	0.0777	0.0885	0.1452	0.2625	0.3420	1.2780	0.9943	0.2295	0.1341	0.1231	0.0829
	0.0733	0.0796	0.0944	0.1599	0.3026	0.4462	1.5320	1.1620	0.2556	0.1453	0.1324	0.0852
	0.0741	0.0816	0.0940	0.1745	0.3434	0.5294	1.7850	1.3260	0.2798	0.1566	0.1419	0.0874
	0.0748	0.0835	0.1011	0.1889	0.3847	0.5523	2.0320	1.4830	0.3032	0.1679	0.1514	0.0897
	0.0755	0.0854	0.1047	0.2028	0.4255	0.6406	2.2770	1.6360	0.3257	0.1793	0.1610	0.0919
	0.0763	0.0874	0.1067	0.2165	0.4667	0.7194	2.5190	1.7840	0.3474	0.1907	0.1707	0.0942
	0.0770	0.0894	0.1131	0.2300	0.5080	0.7624	2.7580	1.9270	0.3682	0.2022	0.1804	0.0965
	0.0777	0.0913	0.1160	0.5469	0.5514	0.8431	3.0080	2.0740	0.3896	0.2143	0.1908	0.0989
	0.0784	0.0934	0.1199	0.2580	0.5929	0.9182	3.2430	2.2090	0.4090	0.2260	0.2008	0.1049
1056	0.0966	0.1016	0.1103	0.1684	0.2787	0.4156	1.1980	0.8960	0.2342	0.1487	0.1393	0.1049
	0.0964	0.1015	0.1133	0.1700	0.2855	0.3589	1.2240	0.9135	0.2350	0.1503	0.1405	0.1049
	0.0960	0.1014	0.1154	0.1712	0.2913	0.4056	1.2580	0.9307	0.2376	0.1517	0.1417	0.1048

续表

OBJECTID	1 月	2 月	3 月	4 月	5 月	6 月	7 月	8 月	9 月	10 月	11 月	12 月
	0.0957	0.1014	0.1122	0.1725	0.2974	0.4277	1.2940	0.9476	0.2392	0.1532	0.1429	0.1048
	0.0954	0.1013	0.1149	0.1738	0.3038	0.4092	1.3280	0.9636	0.2410	0.1547	0.1442	0.1047
	0.0951	0.1012	0.1150	0.1750	0.3101	0.4338	1.3630	0.9792	0.2425	0.1562	0.1455	0.1047
1056	0.0949	0.1012	0.1141	0.1762	0.3165	0.4510	1.3970	0.9942	0.2440	0.1578	0.1469	0.1047
	0.0946	0.1012	0.1159	0.1775	0.3230	0.4496	1.4300	1.0080	0.2455	0.1594	0.1483	0.1048
	0.0944	0.1012	0.1157	0.3284	0.3298	0.4662	1.4660	1.0230	0.2470	0.1612	0.1498	0.1048
	0.0942	0.1012	0.1159	0.1805	0.3364	0.4807	1.4990	1.0370	0.2483	0.1629	0.1513	0.1088
	0.0900	0.0973	0.1082	0.1928	0.3542	0.5603	1.7430	1.2690	0.2826	0.1619	0.1485	0.1010
	0.0897	0.0971	0.1120	0.1927	0.3579	0.4644	1.7400	1.2650	0.2796	0.1627	0.1491	0.1008
	0.0893	0.0968	0.1144	0.1923	0.3602	0.5233	1.7490	1.2620	0.2793	0.1632	0.1496	0.1005
	0.0889	0.0966	0.1098	0.1920	0.3629	0.5448	1.7600	1.2590	0.2777	0.1638	0.1502	0.1003
	0.0885	0.0964	0.1129	0.1917	0.3659	0.5095	1.7710	1.2550	0.2765	0.1645	0.1508	0.1001
1173	0.0881	0.0961	0.1127	0.1915	0.3690	0.5342	1.7810	1.2520	0.2751	0.1651	0.1514	0.0999
	0.0878	0.0959	0.1112	0.1912	0.3721	0.5483	1.7920	1.2490	0.2737	0.1658	0.1521	0.0997
	0.0875	0.0957	0.1130	0.1910	0.3753	0.5377	1.8020	1.2460	0.2724	0.1666	0.1528	0.0995
	0.0872	0.0956	0.1124	0.3775	0.3786	0.5504	1.8140	1.2430	0.2712	0.1674	0.1536	0.0994
	0.0869	0.0955	0.1123	0.1913	0.3820	0.5605	1.8250	1.2400	0.2699	0.1682	0.1543	0.1029
	0.0889	0.0950	0.1048	0.1768	0.3139	0.4875	1.4820	1.0850	0.2540	0.1507	0.1393	0.0984
	0.0885	0.0948	0.1080	0.1768	0.3174	0.4076	1.4820	1.0850	0.2517	0.1515	0.1398	0.0982
	0.0881	0.0946	0.1101	0.1766	0.3198	0.4579	1.4930	1.0840	0.2517	0.1519	0.1403	0.0979
	0.0877	0.0943	0.1061	0.1764	0.3225	0.4768	1.5060	1.0830	0.2506	0.1525	0.1408	0.0977
1174	0.0874	0.0941	0.1088	0.1763	0.3255	0.4477	1.5180	1.0830	0.2498	0.1531	0.1414	0.0975
	0.0870	0.0939	0.1086	0.1762	0.3285	0.4693	1.5300	1.0820	0.2488	0.1538	0.1420	0.0973
	0.0867	0.0937	0.1073	0.1761	0.3316	0.4820	1.5420	1.0810	0.2480	0.1545	0.1426	0.0971
	0.0864	0.0935	0.1089	0.1760	0.3347	0.4737	1.5530	1.0800	0.2470	0.1552	0.1433	0.0970
	0.0861	0.0934	0.1083	0.3369	0.3380	0.4853	1.5670	1.0800	0.2462	0.1560	0.1440	0.0968
	0.0858	0.0932	0.1082	0.1765	0.3413	0.4945	1.5790	1.0790	0.2453	0.1567	0.1447	0.1003

2.风险模拟值划分的依据

由于计算所得的风险值划分范围很难找到相关标准，同一地区不同的方法计算出来的风险数值亦不一样，为风险分析工作带来了极大的不便。

本区分异性研究表明了崩塌灾害受降雨量影响。一般情况下，6、7、8、9月是本区雨量集最为集中的时间段，根据本区曾经发灾的历史资料，显示7~8月最为多发，11月入冬后因岩体受冻胀作用，斜坡崩塌偶有发生，其余的月份很少发生。虽然 SD 模拟结果显示在孕灾环境复杂的区域内每一格网的风险值在6~9月呈现类似于正态分布曲线走势，但是即便是7~8月出现峰值，也不能盲目地根据峰值直接确定所对应的边坡就是高风险。所以，如何对模拟阈值进行合理地划分，只靠感性的认识是不够的，还需进一步对其分析确定。

根据《技术要求》，地质灾害风险是在易发性、危险性、易损性评价基础上进行极高、高、中、低四个等级划分的（见表5-25）。首先，在 ArcGIS 软件中将降雨信息量计算所得的信息量图层与易发性计算所得的图层进行叠加，并对叠加所得的图层按自然间断法进行低、中、高、极高四个等级划分。其次，根据《技术要求》中的易损性赋值建议表，对本区内的建筑物、道路、人口数据层进行赋值；本次对人口易损性赋值采用核密度法进行处理，再将不同类型承灾体易损性进行叠加，获得 S3K 段公路边坡易损性数据层，将其按低、中、高、极高易损性进行划分。

表 5-25　风险等级划分

易损性	极高 4	高 3	中 2	低 1
极高 4	极高	极高	高	中
高 3	极高	高	中	中
中 2	高	高	中	低
低 1	高	中	低	低

考虑7~8月雨量集中，崩塌灾害多发，对高风险阈值的划分选择7~8月模拟的均值与信息量所得的图层进行比对，确定模拟值大于1.2为高风险；同理，5~9月雨量较7~8月少，崩塌灾害的频率亦小，这三个的月模拟均值确定为中风

险区，其阈值为 0.8~1.2；3~4 月为冻融期，存在偶发性灾害，概率非常小，所以 3~4 月的模拟均值确定为 0.6~0.8 为低风险区；0.2~0.6 为极低风险区，其余为无风险区。该阈值区间的划分是以格网模拟均值进行区别的。

（二）分析与评估

1. 制图与验证

阈值确定后对本区进行崩塌灾害风险时空制图，本次为节约篇幅，没有对未来每年各月进行逐一制图，而是将模拟所得各月的值求平均制图。为了成果更加准确可靠，对区内所有边坡进行野外详查，部分野外工作如表 5-26 所示，通过调查显示成果合理。

表 5-26　S3K 段公路边坡部分野外调查数据说明

地理位置	所属格网	现场探勘情况	取样代表性照片
十四道沟村	对应格网编号 1173	岩质边坡，倾倒式崩塌点、岩土体结构为散体、边坡高差为 25 米；边坡体积规模约为 9100m³，坡脚堆积体积为 11.88m³，局部块碎石土沿途堆积，2012 年发生崩塌，威胁居民和公路，直接威胁居民生命安全。定高风险区	崩塌点
	对应格网编号 1174，6~9 月模拟风险值分别为 0.327、0.468、1.525、1.082、0.249	岩质边坡，滑移式崩塌点、边坡高差为 20 米，风化强烈，堆积体积为 0.5m³，强降雨季可能导致边坡碎裂物剥落滚动，威胁公路财产估计 10 万元。定为中风险	崩塌点
冷子沟村	对应格网编号分别 704、815、929、930；6~9 月模拟风险值见表 5-12	为岩质边坡，已做防护网，但是多处已破损，预测体积 2.6 万立方米，岩体块裂结构、风化层平均厚度约 2m、卸荷深度约 1.2 米，堆积体积约 10m³。定为高风险区	崩塌点
	对应格网编号为 811，模拟风险值见表 5-12	为岩质边坡，倾倒式崩塌点，边坡高差约 15 米，定为高风险区域。预测体积为 4800m³，坡脚堆积体积约 1.8m³	崩塌点

续表

地理位置	所属格网	现场探勘情况	取样代表性照片
鸡冠砬子村	对应格网编号为 931，6~9 月模拟风险值见表 5-12	为岩质边坡，倾倒式崩塌点，边坡最大高差约 45 米，预测体积约 1 万立方米，1 千米范围群集灾点 8 处，定为高风险区域	
十三道沟村	对应格网编号为 390，6~9 月模拟风险值见表 5-12	混合岩质边坡，高差约 20 米，边坡体积约 6100m³，整体块状结构，堆积体积约 9m³，威胁公路，雨季存在高风险	
十三道湾村	对应格网编号为 474，6~9 月模拟风险值见表 5-12	岩质边坡，体积约 9000m³，岩体块裂，堆积体体积约 3m³，边坡顶部不稳定，存在落石危险，威胁公路	
	对应格网编号为 375	岩质边坡，预估体积 9200m³，岩体厚度约 3m，中上部变形，堆积体体积为 3.75m³	

2. 分析评估

全区崩塌灾害风险明显具有时空变化特征，并非一成不变，主要表现为以下几个特征：

（1）高风险的时间集中性。1、2、3、4、9、10、11、12 月全区仅部分公路边坡显示极低风险或低风险，其余为无风险。5~8 月随着雨量增加，区内边坡灾害风险增强，以 7~8 月高风险区域明显比其他月强烈。例如，冷沟子村至鸡冠砬子村路段、安乐村在 7~8 月表现最为明显，经调查，边坡处于强风化状态，稳定性较差。进入 9 月以后全区风险迅速降低。

（2）空间位置相对固定性。全区边坡风险从空间位置上来看，会反复地在同一位置表现出来。比如，冷沟子村至鸡冠砬子村路段，随着季节雨量的变化，风险变化虽然很强烈，但是空间地理位置几乎不变。这是因为自然环境中的边坡孕灾条件不大可能在短时期内发生较大或强烈的变化，除非发生如地震等强烈的构造活动。

（3）风险空间集聚性。S3K 全域路段边坡崩塌点虽然比较均匀分布，但是所产生的灾害风险具有空间集聚性，并非像灾害点的空间分布一样。风险主要集中表现在安乐村、冷沟子村至鸡冠砬子村路段，以及十四道沟村路段。

（4）风险随时间推移表现增加性：同一地理空间位置，风险模拟值在未来几年里是逐渐增加的，这恰恰说明了坡面形态与形成过程的基本原理，即自然环境中某一边坡，除人为或其他因素干扰外，它的变异强度会随着时间的推移而增加，从量变到质变的转化是漫长的过程。

（5）边坡初始状态决定风险大小性，即边坡的风险无论在时空上存在何种变化规律，它的等级的高低不仅由降雨量等环境条件决定，而且与它的初始状态有关。本书按实际调查获得的坡脚堆积物体积作为重力侵蚀量的初始状态，发现在模拟的过程中初始状态对危险性表现得非常敏感，这符合 SD 理论中状态变量受初始条件影响，也更加说明了初始状态反映边坡的稳定程度，以及危险性变化趋势。比如，某一边坡角看似危险，但是不存在侵蚀堆积物，也就说明了边坡是稳定的，危险性很小，从而影响到风险的大小。

（6）风险周期变化性。通过模拟可清楚地发现，随着年季节降雨量的变化，崩塌灾害风险也会有反复周期的变化的特点，以 7~8 月为分界点，每年 7~8 月以后风险迅速降低，直至次年 5 月开始出现上升趋势，年复一年地进行着周期的性变化。

（7）最小损失的可控性。根据 SD 模型所得的成果，根据数据和图件，很清楚地表现出时空特征，对高强度变化的崩塌边坡采取合理防范手段，降低斜坡的变异强度，会有效地避免风险所带来的损失。

（8）未来风险可预见性。根据表 5-24 可清楚地发现本区路段各边坡的风险变化趋势，如对 5~8 月做好针对性的边坡数据采集以及模型的完善性，在时空上能达到对未来风险的预知。根据模拟值显示，在 2026 年以后冷沟子村至鸡冠砬子村路段、安乐村等地边坡将会出现风险高值，需要加强监测力度。把防灾的重点放在安乐村至鸡冠砬子村路段边坡。

将本次模拟所得的风险值经阈值划分，按时间与空间的分布进行统计，如表 5-27 所示。

表 5-27　S3K 段公路边坡风险时空特征统计

风险等级	月份	格网中心位置坐标	所属乡镇	气候特征
极低、低风险	1、2、3、4、9、10、11、12	—	—	雨量少
中风险 1 区	5	127° 49' 11.661" E，41° 24' 50.339" N	安乐村	冻融兼弱降雨
中风险 2 区		127° 52' 22.535" E，41° 26' 46.883" N	冷沟子村	
中风险 1 区	6	127° 50' 37.186" E，41° 25' 23.621" N	安乐村	一般降雨期
高风险 1 区		127° 49' 11.661" E，41° 24' 50.339" N	安乐村	
高风险 2 区		127° 52' 22.535" E，41° 26' 46.883" N	冷沟子村	
中风险 1 区	7	127° 44' 9.378" E，41° 25' 35.748" N	十三道湾村	强降雨期
高风险 1 区		127° 46' 40.078" E，41° 25' 37.377" N	十三道沟村	
高风险 2 区		127° 50' 37.186" E，41° 25' 23.621" N	安乐村	
高风险 3 区		127° 52' 22.535" E，41° 26' 46.883" N	冷沟子村至鸡冠砬子村段	
高风险 4 区		127° 55' 15.178" E，41° 27' 19.769" N	十四道沟村	
高风险 1 区	8	127° 46' 40.078" E，41° 25' 37.377" N	十三道沟村	
高风险 2 区		127° 49' 11.661" E，41° 24' 50.339" N	安乐村	
高风险 3 区		127° 51' 20.527" E，41° 25' 7.848" N	安乐村	
高风险 4 区		127° 52' 22.535" E，41° 26' 46.883" N	冷沟子村至鸡冠砬子村段	
高风险 5 区		127° 55' 15.178" E，41° 27' 19.769" N	十四道沟村	

六、防灾建议

1. 防灾宣传和教育

根据仿真模拟显示，安乐村、冷沟子村至鸡冠碴子村段、十四道沟村在 7、8 月要做好防灾宣传工作，建立正确的防灾减灾观念，进一步提升防灾意识，教导群众如何识别灾害、认识灾害，并建立正确的风险观念，借此提高居民的危机意识，并培训居民自救与救人技能，提升应急应变能力。从意识形态上，逐渐形成主动避灾，减少行人、车辆在致灾因子中的暴露量，是一种非常有效的减小灾害风险的手段。在防灾教育中，可针对不同的人群，采取不同的办法，如表 5-28 所示。

表 5-28　防火教育与宣传的对象及办法措施

序号	防灾受教育对象	主要内容
1	一般居民	在每年 5~9 月降雨集中期加强崩塌地质灾害防灾宣传教育活动，可通过微信、QQ 群等手段增强居民的防灾意识；对重点路段设置防灾避灾警示牌。可将工作重点安排在十四道沟村、安乐村、鸡冠碴子村
2	在校师生	学校师生属于特殊人群，可以根据学校环境条件模拟灾时、灾中演练等，掌握必要的逃生方法和技巧；通过张贴防灾海报、课堂培训等方式掌握防避灾知识。以学校为媒介向社会人群宣传防灾知识效果可能比较好

2. 重点路段边坡的工程治理

从 SD 模拟以及信息量风险分析，本区主要是预防为主，但是部分边坡存在强烈变异迹象，需要在这些重点地段进行群测群防、监测的基础上进行有目的的实地详勘，有针对性地对重点边坡投入资金进行工程治理，减小其危险性，避免风险的产生，减少对承灾体的威胁。

3. 加强数据整理和收集

地质灾害本身的复杂性，相对其他灾害研究而言起步较晚，许多历史数据资料严重缺失，这为灾害的研究带来了极大的阻碍。需要对监测数据、灾情数据、动态变化数据等加以整理和保存，以便为相关科研人员、政府决策人员等继续研究提供必要的数据支撑。

本章小结

本章在存量流量图的基础上，确定了模型所有参数的计算公式，对重点参数的确定给予了详细的介绍，如人口、科技人员、GDP、防灾减灾的投入、降雨量、边坡重力侵蚀量、重力侵蚀概率等。通过了模型的检验，研究了 SD-GIS 集成环境，对核心程序做了较为详细的介绍，将核心的计算机程序代码作为附录，可为相关研究人员参考；最后对模型进行仿真运行，得到未来各月的风险值，并对风险阈值进行了科学合理的区间划分，利用 ArcGIS 软件对本区进行了时空制图，较为详细地分析了本区的风险时空规律，为政府部门提供了必要的防灾减灾参考。

本章创新点在于完成了 SD-GIS 如何集成的相关研究，以及通过 SD 的成功模拟，为其在崩塌地质灾害风险评估领域开拓了新方向，利用 SD 与 GIS 相结合可以很方便地实现动态风险评估，同时也证明了利用 SD 方法在该研究中是可行的。

第六章 结论、不足与展望

一、研究结论

本书以我国长白县 S3K 段公路边坡为例，针对崩塌地质灾害风险进行评估，尝试利用 SD-GIS 相结合的方向展开研究。在研究过程中涉及崩塌灾害遥感解译、孕灾环境、易发性、分异性、边坡稳定性、SD-GIS 建模和评估六个主要方面，最终将评估结果进行时空表达，确认了时空动态风险评估在现实中的重要性；分析了研究区边坡未来的变异强度和发展趋势，提出预防途径和方法。本书得出的主要结论如下：

（1）从孕灾环境、不稳定性和 SD 模拟研究，表现位于本区中心地段的东南部比西南部的边坡的灾变要强，这与实际环境情况基本一致。考虑东南部人口最为密集，所以对东南部的防灾应加以重视。

（2）利用元胞自动机与人工神经网络相结合，以铁染异常为指示对玄武岩台地区域的边坡稳定性进行识别是可行的。

（3）发现灾点密度对孕灾环境表现出敏感性，说明以灾点密度为指标可反映孕灾环境的复杂性，是一种可取的手段。

（4）利用 Python 语言对信息量模型的计算，可简化重复工作实现，并列举了关键的代码，可为相关人员提供参考。

（5）利用 DEA 模型对本区崩塌灾害的分异规律进行研究，可以很清楚地确定区域灾害点的分异规律，这种结论为地质灾害研究领域提供了一种建议，即对区域内的致灾因子进行危险性、风险性研究之前，应该对其指标进行分析，找出主要指标因子，而不能千篇一律地使用同类指标对全区进行分析。比如，本区，入冬后受冻胀影响，如使用平均降雨量对其危险性分析，显然不太合适。

（6）使用 Vensim 软件建立了崩塌灾害风险评估模型，实现了 GIS 与 SD 的集成，这为 SD 应用于本领域提供了极大的方便，可有效地实现崩塌灾害风险时空特征的仿真。通过计算机能迅速地模拟未来崩塌灾害风险变化趋势，为防灾减灾部门提供了有利的指导；为政府相关部门提供了重点防灾区，提升了精准防灾减灾的水平，为我国防灾减灾部门制定方针政策提供参考。

（7）以 SD 模型单独地对崩塌灾害进行研究，行内极为少见，可能是因为涉及方方面面的技术问题，但是本书尝试将其实现，可谓是崩塌灾害风险评估方法的一个突破。

二、研究不足

本书是在系统科学和自然灾害风险构成"四要素"相关理论和方法的指导下，根据当前国内外研究的不足，以崩塌灾害为研究对象，选择我国长白县 S3K 段公路边坡为例，旨在初步探索利用 SD-GIS 方法对崩塌地质灾害风险评估进行研究，完成崩塌灾害风险动力学系统建模和仿真模拟，开拓了 SD 在崩塌地质灾害动态风险评估学中的应用。

本书涉及了崩塌灾害遥感解译技术、基于灰色关联度的孕灾环境研究方法、基于信息量法的易发性研究、基于数据包络法的区内崩塌灾害的分异规律研究、基于元胞自动机与人工神经网络的区域边坡稳定性研究、SD 模型的建立和仿真模拟。虽然取得了一些重要成果，但是由于崩塌灾害系统本身的复杂性，以及自身的知识所限，研究中存在一些不足之处，主要表现在：

（1）SD 模型参数的不确定性。主要表现在构建 SD 参数体系中，系统的复杂性、数据可获取性等诸多原因，使参数体系很难做到面面俱到。模型中是在可获取到的数据基础上，进行反复分析而建模的，虽然从逻辑上检验比较合理，但是过程中有注入自己的主观意识，模型是否完全符合客观现实，存在着一定的不确定性。

（2）格网划分合理性的不足。本书采用规则格网进行分析，在实际研究中也发现到了一些问题，比如，相邻的灾害点，却分布在两处格网，这势必会导致模型分析的精确性。因为本书的成果形成，是基于方法的选择，前人的相关文献也曾指出规则格网的不足，但是如何根据研究人员的需求进行合理的划分依然是研究领域内的"瓶颈"问题。

（3）由于历史灾发数据的大量缺失，很难或者无法对过去的灾变规律进行探索，缺少了利用历史数据对模型的检验。

（4）本区属于寒区，岩体在入冬后会存在冻胀作用，入春也会存在冻融作用，这两种作用会影响到岩体强度，但是在本书研究过程中未完全考虑其中，只是通过主观权重的设置进行处理。

三、展望

本书为 SD 在本领域的应用提供了必要的方法补充。然而，模型存在着参数确定的不确定性、格网划分合理性问题以及欠考虑冻胀、冻融作用等不足之处，同时产生了一些新的思路和研究点，需要进一步的探索：

（1）有研究显示，自然环境中的不断冻胀、冻融会导致岩体应力强度逐渐降低，从而引起高陡边坡失稳，现实中在此时间段内出现过崩塌灾害，所以需要选择典型边坡的冻胀、冻融坏节的科学实验，从而确定边坡岩体与温度、湿度之间的函数关系，探索其中的变化规律，在本模型的基础上进行参数增补，使模型不断更新和完善。

（2）模型中涉及主观性参数问题，如何摆脱人为因素，还需要对现实加以长时间序列勘测，比如，在区域内，在不同时间段行人、车辆通过数量、崩塌频率与 GDP 到底存在何种函数关系，崩塌风险与人口的增长又存在什么样的关系等诸多问题，只通过主观意识是远远不够的，需要进行研究。

（3）对于格网的划分需要进一步的研究，是否可以选择建立适合崩塌灾害研究的不规则格网，如可以，那么建立的这种不规则格网的相关理论依据是什么？标准是什么？如何建立？这是未来的一个基础性研究课题。

（4）对于边坡变异、灾发历史数据资料欠缺问题，如何对其反演、还原当时的真实环境，虽然现在是"瓶颈"问题，是否可以通过边坡的树林倾斜程度进行长时间观测、树木根深、树木年轮并结合历史将雨量、卫星遥感影像、走访当地群众等多种手段相结合，探索高陡边坡变异情况，揭示其中的函数关系，还原过去场景以及恢复数据，从而更新模型，使其具有获取过去时间中的风险变化的共享能力，为未来的防灾减灾所用，这是一项十分艰难的研究任务。

总而言之，灾害风险评估的高效性、精准性是研究人员的追求目标，正确认识机理是灾害风险评估之前的一项基本工作，只有突破了机理，评估研究才能得以实现最终的目的。探索灾害系统的路还有很长，从定性到定量的过程需要不断地进行深入，利用 GIS、RS、计算机等多学科相结合，从而解决高阶复杂的自然灾害系统应是未来的一个热点。

参考文献

[1] Abele G. *Bergstürze in den Alpen: ihre Verbreitung, Morpholo-gie und Folgeerscheinungen*[J]. Wissenschaftliche Alpenverein–shefte, 1974, 25: 153–165.

[2] Abellán A, Oppikofer T, Jaboyedoff M, et al. *Terrestrial Laser Scanning of Rock Slope Instabilities*[J]. Earth Surface Process and Landforms, 2014, 39(1): 80–97.

[3] ADRC. *Total Disaster Risk Management: Good Practice 2005*[M]. Kobe: Asian Disaster Reduction Center, 2005.

[4] Ansari M K, Ahmed M, Singh T N R, et al. *Rainfall, A Major Cause for Rockfall Hazard along the Roadways, Highways and Railways on Hilly Terrains in India*[J]. Engineering Geology for Society and Territory, 2014, 1: 457–460.

[5] Antoniou A A. *GIS-based Evaluation of Rockfall Risk along Routes in Greece Andreas*[J]. Environmental Earth Sciences, 2013, 70: 2305–2318.

[6] Arvindan S, Vijayan D S. *Safeguard and Preventive Measures of Natural Disasters Using Early Warning Systems—A Comprehensive Review*[J]. A System Engineering Approach to Disaster Resilience, 2022: 303–315.

[7] Barquilla V M, Soliman M P B A. *A Rock Slope Stability Analysis at West-Northwest (WNW) Part of Barangay Cayumbay, Tanay, Rizal along the Selected 5 Stations of the 1.8km Section of MARILAQUE Highway Using Inputs from Structural, Geomorphologic and Rock Mass Classification System*[J]. International Journal of Scientific & Engineering Research, 2018, 9(5): 999–1007.

[8] Bell D H.*High Intensity Rainstorms and Geological Hazaeds: Cyclone Alison,March 1975,Kaikoura, New Zealand*[J]. Bulletin of the International Association of Engineering Geology, 1976, 13: 189–200.

［9］Bhatt M, Pandya M. *Rethinking Capacity Development for Disaster Risk Reduction: Lessons from Bottom up*［J］. Disaster Prevention and Management, 2021, 30（3）: 259–260.

［10］Bhusan K, Singh M S, Sudhakar S. *Landslide Hazard Zonation Using RS & GIS Techniques: A Case Study from North East India*［J］. Landslide Science and Practice, 2013: 489–492.

［11］Blahůt J, Balek J, Klimeš J, et al. *A Comprehensive Global Database of Giant Landslides on Volcanic Islands*［J］. Landslides, 2019, 16: 2045–2052.

［12］Cedergrena A, Swaling V H, Hassel H, et al. *Understanding Practical Challenges to Risk and Vulnerability Assessments: The Case of Swedish Municipalities*［J］. Journal of Risk Research, 2019, 22（6）: 782–795.

［13］Chau K T, Wong R H C, Liu J, et al. *Rockfall Hazard Analysis for Hong Kong Based on Rockfall Inventory*［J］. Rock Mechanics and Rock Engineering, 2003, 36: 383–408.

［14］Corominas J, Mavrouli O. *Quantitative Rockfall Risk Assessment in the Roadways of Gipuzkoa*［J］. Engineering Geology for Society and Territory, 2015, 2: 1813–1816.

［15］Daimon H, Nakano G, Takahar K, et al. *The Noah's Ark Affect: Radicalization of Social Meanings of Disaster Preparedness in Communities Facing a Major Disaster*［J］. International Journal of Disaster Risk Reduction, 2022, 82: 103372.

［16］Dang V H, Hoang N D, Nguyen L M D, et al. *A Novel GIS-Based Random Forest Machine Algorithm for the Spatial Prediction of Shallow Landslide Susceptibility*［J］. Forests, 2020, 11（8）: 118.

［17］Davis W M. *The Geographical Cycle*［J］. The Geographical Journal, 1899, 14: 481–504.

［18］de Vallejo L I G, Hernández-Gutiérrez L E, Miranda A, et al. *Rockfall Hazard Assessment in Volcanic Regions Based on ISVS and IRVS Geomechanical Indices*［J］. Geosciences, 2020, 10（6）: 220.

［19］Dilley M, Chen R S, Deichmann U, et al. *Natural Disaster Hotspots. A Global Risk Analysis*. The World Bank, Washington, D.C., 2005.

[20] Do N H, Goto S, Abe S, et al. *Torrent Rainfall-induced Large-scale Karst Limestone Slope Collapse at Khanh Waterfall, Hoa Binh Province, Vietnam* [J]. Geoenvironmental Disasters, 2022, 9 (1): 1–20.

[21] ĐurićAna D, Mladenović M, Pešić–Georgiadis M, et al. *Using Multiresolution and Multitemporal Satellite Data for Post-disaster Landslide Inventory in the Republic of Serbia* [J]. Landslides, 2017, 14: 1467–1482.

[22] Ersö Z T, Özköse M, Topal T. *Slope Stability Assessment of Weak and Weathered Rocks with BQ System* [J]. Understanding and Reducing Landslide Disaster Risk, 2020: 401–405.

[23] Fakhruddin B, Clark H, Robinson L, et al. *Should I Stay or should I Go Now? Why Risk Communication is the Critical Component in Disaster Risk Reduction* [M]. Progress in Disaster Science, 2020, 8: 100139.

[24] Fanos A M, Pradhan B, Mansor S. *A Hybrid Model Using Machine Learning Methods and GIS for Potential Rockfall Source* [J]. Landslides, 2018 (15): 1833–1850.

[25] Farvacque M, Eckert N, Bourrier F, et al. *Quantile-based Individual Risk Measures for Rockfall-prone Areas* [J]. International Journal of Disaster Risk Reduction, 2021, 53 (1): 101932.

[26] Ferrari F, Giacomini A, Thoeni K. *Qualitative Rockfall Hazard Assessment: A Comprehensive Review of Current Practices* [J]. Rock Mechanics and Rock Engineering, 2016, 49: 2865–2922.

[27] Ferrero A M, Migliaz M R, Pirulli M. *Some Open Issues on Rockfall Hazard Analysis in Fractured Rock Mass: Problems and Prospects* [J]. Rock Mechanics and Rock Engineering, 2016, 49: 3615–3629.

[28] Garatwa W, BoLLin C. *Disaster Risk Management: A Working Concept* [M]. Eschborn (Germang): Deutsche Gesellschaftfur Technische Zusammenarbeit (GTZ), 2002.

[29] Garbolino E, Chery J P, Guarnieri F. *A Simplified Approach to Risk Assessment Based on System Dynamics: An Industrial Case Study* [J]. Risk Analysis, 2016, 36 (1): 17–29.

［30］Goto E A, Picanso J D L. *Place-Conscious Education for Disaster Prevention in Risk-Prone Areas of Sao Paulo*［J］. Landslide Science for a Safer Geoenvironment, 2014: 745–749.

［31］Guo S, Pei Y Q, Hu S. *Risk Assessment of Geological Hazards of Qinling-Daba Mountain Area in Shaanxi Province Based on FAHP and GIS*［J］. Journal of Physics: Conference Series, 2021, 1992: 22–53.

［32］Heo B Y, Heo W H. *Integrated Approach Analysis of the Effectiveness of Disaster Prevention Projects*［J］. International Journal of Disaster Risk Reduction, 2022, 69（1）: 102732.

［33］Huang J L, Zeng X Y, Fu J, et al. *Safety Risk Assessment Using a BP Neural Network of High Cutting Slope Construction in High-Speed Railway*［J］. Buildings, 2022, 12（5）: 598.

［34］Hunt G R. *Spectral Signatures of Particulate Minerals in the Visible and Near Infrared*［J］. Geophysics, 1977, 42（3）: 501–513.

［35］ISDR.*Living with Risk: A Global Review of Disaster Reduction Initiatives*［R］//*Report of the International Strategy for Disaster Reduction Secretariat*. Geneva: ISDR, 2002.

［36］Jiang N, Li H B, Lin M S, et al. *Quantitative Hazard Assessment of Rockfall and Optimization Strategy for Protection Systems of the Huashiya Cliff, Southwest China*［J］. Geomatics, Natural Hazards and Risk, 2020, 11（1）: 1939–1965.

［37］Khajehzadeh M, Taha M R, Keawsawasvong S, et al. *An Effective Artificial Intelligence Approach for Slope Stability Evaluation*［J］. IEEE Access, 2022, 10: 5660–5671.

［38］Korup O.*Geomorphic Imprint of Landslides on Alpine River Systems, Southwest New Zealand*［J］. Earth Surface Processes and Landforms, 2005, 30（7）: 783–800.

［39］Larsen M C, Torres–Sánchez A J.*The Frequency and Distribution of Recent Landslides in Three Montane Tropical Regions of Puerto Rico*［J］.Geomorphology, 1998, 24（4）: 309–331.

［40］Lee S, Ryu J, Min K, et al. *Development and Application of Landslide*

Susceptibility Analysis Techniques Using Geographic Information System（GIS）［C］. IEEE International Geoscience and Remote sensing Symposium. IEEE, 2000.

［41］Li N, Sun N, Cao C X, et al. *Review on Visualization Technology in Simulation Training System for Major Natural Disasters*［J］. Natural Hazards, 2022, 112: 1851–1882.

［42］Li S C, Wu J. *A Multi-factor Comprehensive Risk Assessment Method of Karst Tunnelsand its Engineering Application*［J］. Bunetin of Engineering Geology and the Environment, 2019, 78: 1761–1776.

［43］Li X, Yeh A G O. *Neural-network-based Cellular Automata for Simulating Multiple Land use Changes Using GIS*［J］. International Journal of Geographical Information Science, 2002, 16（4）: 323–343.

［44］Li Z H, Nadim F, Huang H W, et al. *Quantitative Vulnerability Estimation for Scenario-based Landslide Hazards*［J］. Landslides, 2010, 7: 125–134.

［45］Lin J H, Chen W C, Qi X H. *Risk Assessment and its Influencing Factors Analysis of Geological Hazards in Typical Mountain Environment*［J］. Journal of Cleaner Production, 2021, 309（1）: 127077.

［46］Lissak C, Bartsch A, De Michele M, et al. *Remote Sensing for Assessing Landslides and Associated Hazards*［J］. Surveys in Geophysics, 2020, 41: 1391–1435.

［47］Littidej P, Uttha T, Pumhirunroj B. *Spatial Predictive Modeling of the Burning of Sugarcane Plots in Northeast Thailand with Selection of Factor Sets Using a GWR Model and Machine Learning Based on an ANN-CA*［J］. Symmetry, 2022, 14（10）: 1989.

［48］Liu J Q, Chen S S, Guo Z F, et al. *Geological Background and Geodynamic Mechanism of Mt. Changbai Volcanoes on the China-Korea Border*［J］. Lithos, 2015, 236/237: 46–73.

［49］Liu X L, Chen X, Su M, et al. *Stability Analysis of a Weathered-Basalt Soil Slope Using the Double Strength Reduction Method*［J］. Advances in Civil Engineering, 2021（6）: 1–12.

［50］Losasso L, Rinaldi C, Sdao F. *A New Approach to Assess the Vulnerability of a Road Infrastructure System Affected by Rockfalls*［R］. Computational Science and Its

Applications, ICCSA 2022 Workshops, 2022.

[51] Macciotta R, Gräpel C, Keegan T, et al. *Quantitative Risk Assessment of Rock Slope Instabilities that Threaten a Highway Near Canmore, Alberta, Canada: Managing Risk Calculation Uncertainty in Practice* [J]. Canadian Geotechnical Journal, 2019, 57(3): 337–353.

[52] Marchelli M, De Biagi V, Bertolo D, et al. *A Mixed Quantitative Approach to Evaluate Rockfall Risk and the Maximum Allowable Traffic on Road Infrastructure* [J]. GEORISK, 2022, 16(3): 584–594.

[53] Marco U, Farrokh N, Suzanne L, et al. *A Conceptual Framework for Quantitative Estimation of Physical Vulnerability to Landslides* [J]. Engineering Geology, 2008, 102 (3/4): 251–256.

[54] Martin Y, Rood K, Schwab J W, et al. *Sediment Transfer by Shallow Landsliding in the Queen Charlotte Islands, British Columbia* [J]. Canadian Journal of Earth Sciences, 2002, 39(2): 189–205.

[55] Maskrey A. *Disaster Mtigation: A Community Based Approach* [M]. Oxford: Oxfam, 1989.

[56] Matasci B, Stock G M, Jaboyedoff M, et al. *Assessing Rockfall Susceptibility in Steep and Overhanging Slopes Using Three-dimensional Analysis of Failure Mechanisms* [J]. Landslides, 2018, 15: 859–878.

[57] Mavrouli O, Corominas J. *TXT-tool 4.034-1.1: Quantitative Rockfall Risk Assessment for Roadways and Railways* [M]//Sassa K, Tiwari B, Liu KF, et al. (eds.) *Landslide Dynamics: ISDR-ICL Landslide Interactive Teaching Tools*. Springer: Cham, 2008.

[58] Mavrouli O, Corominas J. *Vulnerability of Simple Reinforced Concrete Buildings to Damage by Rockfalls* [J]. Landslides, 2010, 7: 169–180.

[59] Mignelli C, Lo Russo S, Peila D. *Rockfall Risk Management Assessment: The ROMA. Approach* [J]. Natural Hazards, 2012, 62: 109–1123.

[60] Moos C, Bontognali Z, Dorren L, et al. *Estimating Rockfall and Block Volume Scenarios Based on a Straightforward Rockfall Frequency Model* [J]. Engineering Geology, 2022, 309: 106828.

[61] Nadim F, Kjekstad O, Peduzzi P, et al. *Global Landslide and Avalanche Hotspots* [J]. Landslides, 2006, 3: 159–173.

[62] Nguyen Q K, Bui D T, Hoang N D, et al. *A Novel Hybrid Approach Based on Instance Based Learning Classifier and Rotation Forest Ensemble for Spatial Prediction of Rainfall-induced Shallow Landslides Using GIS* [J]. Sustainability, 2017, 9: 1–24.

[63] Ohlmacher G C, Davis J C. *Using Multiple Logistic Regression and GIS Technology to Predict Landslide Hazrd in Northeast Kansas, USA* [J]. Engineering Geology, 2003, 69 (3/4): 331–343.

[64] Pachauri A K, Gupta P V, *Chander R. Landslide Zoning in a Part of the Garhwal Himalayas* [J]. Enviromental Geology, 1998, 36: 325–334.

[65] Panigrahi R K, Dhiman G. *Risk Assessment and Early Warning System for Landslides in Himalayan Terrain* [J]. Stability of Slopes and Underground Excavations, 2021: 23–32.

[66] Pappalardo G, Mineo S. *Rockfall Hazard and Risk Assessment: The Promontory of the Pre-Hellenic Village Castelmola Case, North-Eastern Sicily (Italy)* [J]. Engineering Geology for Society and Territory, 2015, 2: 1989–1993.

[67] Phonphoton N, Pharino C. *A System Dynamics Modeling to Evaluate Flooding Imapcts on Municipal Solid Waste Management Services* [J]. Waste Management, 2019, 87 (15): 525–536.

[68] Qi J, Chehbouni A, Huete A R, et al. *A Modified Soil Adjusted Vegetation Index* [J]. Remote Sensing of the Enviroment, 1994, 48 (2): 119–126.

[69] Qian L H, Zang S Y. *Differentiation Rule and Driving Mechanisms of Collapse Disasters in Changbai County* [J]. Sustainability, 2022, 14 (4): 2074.

[70] Qin L, Feng S, Zhu H Y. *Research on the Technological Architectural Design of Geological Hazard Monitoring and Rescue-After-Disaster System Based on Cloud Computing and Internet of Things* [J]. International Journal of System Assurance Engineering and Management June, 2018, 9: 684–695.

[71] Rice R M, Foggin Ⅲ G T. *Effects of High Intensity Storms on Soil Slippage on Mountainous Watersheds in Southern California* [J]. Water Resources Research,

1971, 7 (6): 1485–1496.

[72] Rotaru A, Pohrib D M. *Stabilization of Roads Located on Banks of Mountain Flowing Waters* [M]. Springer Series in Geomechanics and Geoengineering, 2021: 130–141.

[73] Ruan Y F, Wang F, Li Q, et al. *Risk Assessment on Slope Stability of Beijing-Zhuhai Highway K46* [J]. Applied Mechanics and Materials, 2013, 444/445: 1015–1020.

[74] Sakız U, Geniş M, Bilir M E, et al. *Rockfall Analysis and Risk Assessment on Steep Slopes of the Roadway (Zonguldak, Turkey)* [J]. Arabian Journal of Geosciences, 2021, 14: 1225.

[75] Sari M. *Evaluating Rockfalls at a Historical Settlement in the Ihlara Valley (Cappadocia, Turkey) Using Kinematic, Numerical, 2D Trajectory, and Risk Rating Methods* [J]. Journal of Mountain Science, 2022, 19: 3346–3369.

[76] Scavia C, Barbero M, Castelli M, et al. *Evaluating Rockfall Risk: Some Critical Aspects* [J]. Geosciences, 2020, 10 (3): 98.

[77] Shi P J, Ye T, Wang Y, et al. *Disaster Risk Science: A Geographical Perspective and a Research Framework* [J]. Internationl Journal of Disaster Risk Science, 2020, 11: 426–440.

[78] Šilhán K, Tichavský R, Fabiánová A, et al. *Understanding Complex Slope Deformation Through Tree-ring Analyses* [J]. Science of the Total Environment, 2019, 665: 1083–1094.

[79] Singh A, Pal S, Kanungo D P. *Site-specific Vulnerability Assessment of Buildings Exposed to Rockfalls* [C]. International Conference on Energy, Materials and Information Technology (ICEMIT 2017). 2017.

[80] Subasinghe C N, Kawasaki A. *Assessment of Physical Vulnerability of Buildings and Socio-economic Vulnerability of Residents to Rainfall Induced Cut Slope Failures: A Case Study in Central Highlands, Sri Lanka* [J]. International Journal of Disaster Risk Reduction, 2021, 65: 102250.

[81] Sundaram R, Gupta S, Korulla M, et al. *Landslide at Govindghat-Investigation and Stabilization Measures* [J]. Lecture Notes in Civil Engineering, 2022, 166: 525–540.

[82] Takara K. *Disaster Prevention Research Institute (DPRI), Kyoto University* [J]. Advancing Culture of Living with Landslides, 2017: 179–184.

[83] Takayanagi T, Sato R. *Study on Method to Evaluate Geo-disaster Risk during the Snowmelt Season* [J]. Quarterly Report of RTRI, 2018, 59 (1): 48–50.

[84] Tian S J, Kong J M, Chen Z F. *Vulnerability Assessment of Slope Hazard Based on Function of Highway* [J]. Journal of Earth Sciences & Environment, 2013, 35 (3): 119–126.

[85] Timmerman P.Vulnerability, Resilience and the Collapse of Society: *A Review of Models and Possible Climatic Applications* [M]. Toronto, Canada: Institute for Environmental Studies, University of Toronto, 1981.

[86] Tiwari B, Ajmera B, Cuomo S, et al. *Introduction—Testing, Modeling and Risk Assessment* [C]. Understanding and Reducing Landslide Disaster Risk, 2020.

[87] Tsai K J, Chen K J, Lin C C. *GPS/GIS Integration Used to Establish a Disaster Risk Mapping System for Nantou County in Central Taiwan* [J]. Geotechnical Engineering for Disaster Mitigation and Rehabilitation, 2008: 236–243.

[88] Turner B L, Kasperson R E, Matson P A, et al. *A Framework for Vulnerability Analysis in Sustainability Science* [J]. Proceedings of the National Academy of Sciences, 2003, 100 (14): 8074–8079.

[89] Undha. *Internationally Agreed Glossary of Basic Terms Related to Disaster Management* [M]. United nations department of humanitarian affairs, Geneva, 1992.

[90] Uromeihy A, Mahavifar M R. *Landslide Hazard Zonation of the Khorshrostam area, Iran* [J]. Bulletin of Engineering Geology and the Environment, 2000, 58: 207–213.

[91] Uromeihy A, Mahavifar M R. *Reply to Discussion on "Landslide Hazard Zonation of the Khorshrostam Area, Iran"* [J]. Bulletin of Engineering Geology and the Environment, 2001, 58: 207–213.

[92] Van Beek R, Cammeraat E, Andreu V, et al. *Hill Slope Proscesses: Mass Wasting,Slope Stability and Erosion* [A] *//Slope Stability and Erosion Control: Ecotechnological Solutions*. New York: Springer, 2008.

[93] Vanneschi C, Rindinella A, Salvini R. *Hazard Assessment of Rocky Slopes: An Integrated Photogrammetry-GIS Approach Including Fracture Density and Probability of*

Failure Data［J］. Remote Sens, 2022, 14（6）: 1438.

［94］Varnes D J. *Landslide Hazard Zonation: A Review of Principles and Practice*［M］. Paris: United Nations International, 1984.

［95］Verma A K, Sardana S, Sharma P, et al. *Investigation of Rockfall-prone Road Cut Slope Near Lengpui Airport,Mizoram, India*［J］. Journal of Rock Mechanics and Geotechnical Engineering, 2019, 11（1）: 146–158.

［96］Vogel M M, Zscheischler J, Wartenburger R, et al. *Concurrent 018 Hot Extremes across Northern Hemisphere Due to Human-induced Climate Change*［J］. Earth's Future, 2019, 7（7）: 692–703.

［97］Wang N T, Shi T T, Peng K, et al. *Assessment of Geohazard Susceptibility based on RS and GIS analysis in Jianshi County of the Three Gorges Reservoir, China*［J］. Arabian Journal of Geosciences, 2015, 8（1）: 67–86.

［98］Wang X L, Frattini P, Crosta G B, et al. *Uncertainty Assessment in Quantitative Rockfall Risk Assessment*［J］. Landslides, 2014, 11: 711–722.

［99］Ward P J, Blauhut V, Bloemendaal N, et al. *Review Article: Natural Hazard Risk Assessments at the Global Scale*［J］. Natural Hazards and Earth System Sciences, 2020, 20（4）: 1069–1096.

［100］Ward P J, Daniell J, Duncan M, et al. *Invited Perspectives: A Research Agenda towards Disaster Risk Management Pathways in Multi-（hazard-）Risk Assessment*［J］. Natural Hazards Earth System Sciences, 2022, 22（4）: 1487–1497.

［101］WCED.*Report of the Word Commission on Environment and Development Our Common Future*［M］. Oxford: Oxford University Press, 1987.

［102］Wei L, Hu K H, Hu X D, et al. *Quantitative Multi-hazard Risk Assessment to Buildings in the Jiuzhaigou Valley, a World Natural Heritage Site in Western China*［J］. Geomatics, Natural Hazards and Risk, 2022, 13（1）: 193–221.

［103］Whitehouse I E.*Distribution of Large Rock Avalanche Deposits in the Central Southern Alps,New Zealand*［J］. New Zealand Journal of Geology and Geophysics, 1983, 26（3）: 271–279.

［104］Wischmerier W H, Smith D D. *Predicting Rainfall Erosion Losses: A Guide to Conservation Planning*［M］. Washington: Science and Education Administration.

United States Department of Agriculture, 1978.

[105] Yang J J, Duan S, Li Q F, et al. *A Review of Flexible Protection in Rockfall Protection* [J]. Natural Hazards, 2019, 99: 71–89.

[106] Yang Z, Li N, Wu W, et al. *Assessment of Provincial Social Vulnerability to Natural Disasters in China* [J]. Natural Hazards, 2014, 71: 2165–2186.

[107] Yeh S C, Wang C A, Yu H C. *Simulation of Soil Erosion and Nutrient Impact Using an Integrated System Dynamics Modle in a Watershed in Taiwan* [J]. Environmental Modelling & Software, 2006, 21 (7): 937–948.

[108] Zarghami S A, Dumrak J. *A System Dynamics Model for Social Vulnerability to Natural Disasters: Disaster Risk Assessment of an Australian City* [J]. International Journal of Disaster Risk Reduction, 2021, 60 (5): 102258.

[109] Zhang B, Qin Y, Huang M X, et al. *SD-GIS-Based Temporal-spatial Simulation of Water Quality in Sudden Water Pollution Accidents* [J]. Computers & Geosciences, 2011, 37 (7): 874–882.

[110] Zhang L L, Wu F, Zhang H, et al. *Influences of Internal Erosion on Infiltration and Slope Stability* [J]. Bulletin of Engineering Geology and the Environment, 2019, 78: 1815–1827.

[111] Zhang L X, Wang Y W, Zhang J K, et al. *Rockfall Hazard Assessment of the Slope of Mogao Grottoes, China Based on AHP, F-AHP and AHP-TOPSIS* [J]. Environmental Earth Sciences, 2022, 81: 377.

[112] Zhao H, Tian W P, Li J C, et al. *Hazard Zoning of Trunk Highway Slope Disasters: A Case Study in Northern Shaanxi, China* [J]. Bull Eng Geol Environ, 2018, 77: 1355–1364.

[113] Zhou C, Ouyang J, Liu Z, et al. *Early Risk Warning of Highway Soft Rock Slope Group Using Fuzzy–Based Machine Learning* [J]. Sustainability, 2022, 14 (6): 3367.

[114] 毕小玉, 张靖岩, 王佳. 基于模糊综合评价的建筑综合防灾能力评估体系 [J]. 自然灾害学报, 2014 (4): 257–262.

[115] 蔡林. 系统动力学在可持续发展研究中的应用 [M]. 北京: 中国环境科学出版社, 2008.

［116］曾光初，王爱英．泥石流灾害研究中的系统动力学模型［J］.计算机应用研究，1995（4）：31-33.

［117］曾辉，郭庆华，喻红．东莞市凤岗镇景观人工改造活动的空间分析［J］.生态学报，1999（3）：298-303.

［118］陈洪凯，唐红梅，王林峰，等．地质灾害理论与控制［M］.北京：科学出版社，2011.

［119］陈洪凯，唐红梅，叶四桥，等．危岩防治原理［M］.北京：地震出版社，2006.

［120］陈蕾．南京市商品房价格预测——基于 ARIMA 模型和 SARIMA 模型的比较分析［J］.统计学与应用，2022（2）：280-287.

［121］陈述彭，赵英时．遥感地学分析［M］.北京：测绘出版社，1990：211-212.

［122］陈小亮．基于混沌非线性时间序列的滑坡预测预报研究［D］.南宁：广西大学，2008.

［123］陈阳，逯进．人口发展与经济增长的系统动力机制研究［J］.人口与发展，2017（3）：2-13.

［124］陈占清，王路珍，孔海陵，等．一种计算变质量破碎岩体渗透性参量的方法［J］.应用力学学报，2014（6）：927-932+998.

［125］陈宙翔，叶咸，张文波，等．基于无人机倾斜摄影的强震区公路高位危岩崩塌形成机制及稳定性评价［J］.地震工程学报，2019（1）：257-267+270.

［126］程书波，岳颖，刘玉，等．黄河流域洪涝灾害社会脆弱性评价与分析［J］.人民黄河，2022（2）：45-50.

［127］邓正定，詹兴欣，舒佳军，等．冻融循环作用下危岩体稳定性劣化机制及敏感参数分析［J］.工程科学与技术，2022（2）：150-161.

［128］杜栋，庞庆华，吴炎．现代综合评价方法与案例精选［M］.北京：清华大学出版社，2008：62-63.

［129］杜佳音．习近平新时代防灾减灾救灾理论与实践研究［D］.天津：天津商业大学，2021.

［130］杜香刚．区域公路地质灾害监测预报决策支持系统关键技术研究与实现［D］.长沙：中南大学，2008.

［131］范继光.基于 ARIMA 模型的我国人口、耕地与粮食预测分析［J］.国土与自然资源研究，2014（4）：11-14.

［132］范可，冯佐海，王翔，等.桂林市岩质崩塌发育特征与影响因素［J］.自然灾害学报，2019（2）：169-182.

［133］范秋雁，陆明，吴福.危岩研究新进展［J］.西部探矿工程，2017（12）：4-7.

［134］范诗铃，刘汉湖，李金豪.AHP- 信息量法在古城区地质灾害危险性评价中的应用［J］.宜宾学院学报，2022（6）：60-66.

［135］房浩，李媛，杨旭东，等.2010-2015 年全国地质灾害发育分布特征［J］.中国地质灾害与防治学报，2018（5）：1-6.

［136］冯利华，李凤全.基于最大熵原理的灾害损失分析数学的实践与认识［J］.数学的实践与认识，2005，35（8）：73-77.

［137］冯治学，陆愈实，兰乾玉，等.玉溪市电网遭受地质灾害脆弱性综合评价［J］.安全与环境学报，2014（4）：156-159.

［138］高超，张正涛，刘青，等.承灾体脆弱性评估指标的最优格网化方法——以淮河干流区暴雨洪涝灾害为例［J］.自然灾害学报，2018（3）：119-129.

［139］葛全胜，邹铭，郑景云.中国自然灾害风险综合评估初步研究［M］.北京：科学出版社，2008.

［140］龚凌枫，徐伟，铁永波，等.基于数值模拟的城镇地质灾害危险性评价方法［J］.中国地质调查，2022（4）：82-91.

［141］谷国峰，蔡维英.长春市区域社会经济发展的系统动力学仿真模型［J］.东北师大学报（自然科学版），2007（1）：119-125.

［142］郭芳芳，杨农，孟晖，等.地形起伏度和坡度分析在区域滑坡灾害评价中的应用［J］.中国地质，2008（1）：131-143.

［143］海香.重庆市奉节县地质灾害风险评价及防灾减灾措施［D］.重庆：西南大学，2008.

［144］韩用顺，孙湘艳，刘通，等.基于证据权—投影寻踪模型的藏东南地质灾害易发性评价［J］.山地学报，2021（5）：672-686.

［145］何瑞翔，林齐根，王瑛，等.云南省地质灾害影响因素及高危险区分析［J］.灾害学，2015（3）：208-213.

［146］何晓锐，廖小辉，张路青，等.白龙江流域崩滑灾害孕灾因子聚类分区与道路工程扰动效应分析［J］.工程地质学报，2022（3）：672-687.

［147］何燕，杨顺，潘华利.云南省维西县地质灾害孕灾环境及易发性分区［J］.云南大学学报（自然科学版），2019（1）：74-81.

［148］贺凯，高杨，殷跃平，等.基于岩体损伤的大型高陡危岩稳定性评价方法［J］.水文地质工程地质，2020（4）：82-89.

［149］贺小黑，谭建民，裴来政.断层对地质灾害的影响——以安化地区为例［J］.中国地质灾害与防治学报，2017（3）：150-155.

［150］赫雪峰.白鹤滩水电站新建村边坡稳定性分析研究［D］.郑州：华北水利水电大学，2018.

［151］侯俊东，金欢.基于超DEA——多元回归的地质灾害社会脆弱性影响因素研究［J］.灾害学，2017（4）：23-29.

［152］胡玉奎.系统动力学［M］.北京：中国科技咨询服务中心预测开发公司，1984.

［153］黄崇福，史培军，张远明.城市自然灾害风险评价的一级模型［J］.自然灾害学报，1994（1）：1-8.

［154］黄崇福，史培军.城市自然灾害风险评价的二级模型［J］.自然灾害学报，1994（2）：22-27.

［155］黄崇福.自然灾害风险分析的基本原理［J］.自然灾害学报，1999（2）：21-30.

［156］黄崇福.自然灾害风险分析与管理［M］.北京：科学出版社，2012.

［157］黄润秋，许强，沈芳，等.基于GIS的地质灾害区域评价与危险性区划系统研究［C］.台北：第三届海峡两岸山地环境灾害研讨会论文集，2001.

［158］黄润秋，许强.地质灾害系统演化特性的定量判定［J］.中国科学基金，2000（5）：265-269.

［159］黄玉华，武文英，冯卫，等.秦岭山区南秦河流域崩滑地质灾害发育特征及主控因素［J］.地质通报，2015（11）：2116-2122.

［160］姜世平，芮筱亭，洪俊，等.散粒体系统动力学仿真［J］.岩土力学，2011（8）：2529-2532+2538.

［161］金谋顺，王辉，张微，等.高分辨率遥感数据铁染异常提取方法及其

应用 [J].国土资源遥感, 2015 (3): 122-127.

[162] 俱战省, 张加兵, 柏子昌.山区坡谱信息熵与水土流失地形因子关系探讨 [J].测绘科学, 2019 (3): 86-90.

[163] 卡森, 柯克拜.坡面形态与形成过程 [M].窦葆璋, 译.北京: 科学出版社, 1984: 12.

[164] 黎夏, 叶嘉安, 刘小平, 等.地理模拟系统: 元胞自动机与多智能体 [M].北京: 科学出版社, 2007.

[165] 李春晖.重庆农村防灾减灾能力建设研究 [D].重庆: 重庆师范大学, 2021.

[166] 李海峰.地球动力系统、地球物质系统与滑坡生成机理研究 [J].地质学报, 2010 (2): 215-21.

[167] 李家存.基于 RS 和 GIS 的区域坡地重力侵蚀危险性评价研究 [D].北京: 中国科学院遥感研究所, 2016.

[168] 李杰林, 周科平, 张亚民, 等.冻融循环条件下风化花岗岩物理特性的实验研究 [J].中南大学学报 (自然科学版), 2014 (3): 798-802.

[169] 李梦宇, 王加敏, 吴品儒.基于遥感的石河子土地利用动态变化及驱动因素分析 [J].安徽农学通报, 2021 (7): 110-116.

[170] 李拓.危岩稳定性分析及防治方法研究 [D].南宁: 广西大学, 2017.

[171] 李天斌, 陈明东.滑坡时间预报的费尔哈斯反函数模型法 [J].地质灾害与环境保护, 1996 (3): 13-17.

[172] 李晓文, 方精云, 朴世龙.近 10 年来长江下游土地利用变化及其生态环境效应 [J].地理学报, 2003 (5): 559-667.

[173] 李信, 阮明, 杨峰, 等.基于 GIS 技术和信息量法的地质灾害易发性研究 [J].地质资源, 2022 (1): 98-105.

[174] 李勇.非饱和玄武岩残积土强度特性及其边坡稳定性分析 [D].武汉: 武汉科技大学, 2017.

[175] 李玉文, 袁颖, 李琛曦, 等.基于加权信息量法的涞水县地质灾害易发性评价 [J].防灾科技学院学报, 2021 (3): 34-43.

[176] 李源亮, 任光明, 黄细超, 等.攀西黑水河流域北部地区崩塌与滑坡分布规律 [J].长江科学院院报, 2016 (10): 57-62.

［177］廖斌，杨根兰，覃乙根，等．基于无人机技术的高陡危岩体参数获取及稳定性评价［J］.路基工程，2021（4）：24-29.

［178］林孝松，唐红梅，陈洪凯，等．重庆市地质灾害孕灾环境分区研究［J］.中国安全科学学报，2011（7）：3-9.

［179］刘宝琛．关于幂函数型岩石强度准则的讨论［J］.岩石力学与工程学报，1998（5）：805-605.

［180］刘冲平，钟华，柳景华，等．金沙江上游某特大型危岩体失稳模式分区与稳定性评价［J］.资源环境与工程，2022（1）：65-69.

［181］刘传正，刘艳辉，温铭生，等．中国地质灾害气象预警实践：2003-2012［J］.中国地质灾害与防治学报，2015（1）：1-8.

［182］刘传正．中国崩塌滑坡泥石流灾害成因类型［J］.地质评论，2014（4）：858-868.

［183］刘凤山，陶福禄，肖登攀，等．土地覆被变化过程中叶面积指数与降水量对地表能量平衡的贡献——基于 SiB2 的模拟结果［J］.地理研究，2014（7）：1264-1274.

［184］刘乐，杨智，孙健，等．安徽黄山市徽州区地质灾害危险性评价研究［J］.中国地质灾害与防治学报，2021（2）：110-116.

［185］刘汝良，贾仁安，董秋仙．人口迁移模型的改进及系统动力学仿真预测［J］.数学的实践与认识，2008（18）：128-133.

［186］刘小青．北川羌族自治县地质灾害风险评价［D］.成都：西南交通大学，2019.

［187］刘艳辉，张振兴，苏永超．地质灾害承灾载体脆弱性评价方法研究［J］.工程地质学报，2018（5）：1121-1130.

［188］刘毅，黄建毅，马丽．基于 DEA 模型的我国自然灾害区域脆弱性评价［J］.地理研究，2010（7）：1153-1162.

［189］陆建忠，陈晓玲，李辉，等．基于 GIS/RS 和 USLE 鄱阳湖流域土壤侵蚀变化［J］.农业工程学报，2011（2）：337-344.

［190］栾雪剑．基于系统动力学的软件过程评价［D］.杭州：浙江大学，2006.

［191］罗显刚，彭静，徐战亚，等．网络 GIS 应用开发实践教程［M］.武汉：中国地质大学出版社，2015.

［192］罗元华，张梁，张业成．地质灾害风险评估方法［M］．北京：地质出版社，1998.

［193］吕镁娜．广州市崩塌地质灾害影响因素研究［J］．中国地质灾害与防治学报，2020（2）：127-133.

［194］苗朝，沈军辉，李文纲，等．大岗山坝区花岗岩蚀变特征及工程地质特性研究［J］．人民长江，2013（24）：23-25.

［195］缪信，汤明高，王自高，等．地质灾害危险性评价模型的比较分析与应用［J］．水利水电技术，2016（4）：119-122.

［196］倪晓娇，南颖，朱卫红，等．基于多灾种自然灾害风险的长白山地区生态安全综合评价［J］．地理研究，2014（7）：1348-1360.

［197］牛全福，冯尊斌，张映雪．基于 GIS 的兰州地区滑坡灾害孕灾环境敏感性评价［J］．灾害学，2017（3）：29-35.

［198］潘网生，卢玉东，郭晋燕．基于 GIS 的铜川市耀州区地质灾害危险性评价［J］．南水北调与水利科技，2015（1）：72-77.

［199］彭珂，彭红霞，梁峰，等．赣州市地质灾害分布特征及孕灾环境分析［J］．安全与环境工程，2017（1）：33-39.

［200］齐信，唐川，铁永波，等．基于 GIS 技术的汶川地震诱发地质灾害危险性评价——以四川省北川县为例［J］．成都理工大学学报（自然科学版），2010（2）：161-167.

［201］乔彦肖，李密文，张维宸．基于遥感技术支持的地质灾害及孕灾环境综合评价［J］．中国地质灾害与防治学报，2002（4）：83-87.

［202］邱海军，曹明明，王雁林，等．黄土丘陵区地质灾害规模参数幂律相依性研究［J］．地理研究，2015（1）：107-113.

［203］邱姝月，曹礼刚，杨武年．岷江上游土地利用变化遥感动态监测［J］．物探化探计算技术，2021（3）：390-396.

［204］任凯珍，冒建，陈国浒．关于地质灾害孕灾因子权重确定的探讨［J］．中国地质灾害与防治学报，2011（1）：80-86.

［205］尚彦军，李坤，王开洋．从施工地质灾害看岩体结构动态控制作用［J］．岩石力学与工程学报，2013（6）：1129-1136.

［206］沈迪，郭进京，陈俊合．甘肃定西地区地质灾害危险性评价［J］．中

国地质灾害与防治学报，2021（4）：134–142.

［207］师哲，舒安平，张平仓.泥石流监测预警技术［M］.武汉：长江出版社，2012.

［208］石美娟.ARIMA 模型在上海市全社会固定资产投资预测中的应用［J］.数理统计与管理，2005（1）：69–74.

［209］石朋亮.传统村落防灾减灾能力评价研究——以涉县南漫驼村为例［D］.石家庄：河北师范大学，2019.

［210］史德明，石晓日，李德成，等.应用遥感技术监测土壤侵蚀动态的研究［J］.土壤学报，1996（1）：48–58.

［211］史培军，杨文涛.山区孕灾环境下地震和极端天气气候对地质灾害的影响［J］.气候变化研究进展，2020（4）：405–414.

［212］史培军.三论灾害研究的理论与实践［J］.自然灾害学报，2002（3）：1–9.

［213］史培军.再论灾害研究的理论与实践［J］.自然灾害学报，1996（4）：6–17.

［214］宋超，刘长礼，叶浩.泥石流防灾减灾能力评价方法初探［J］.南水北调与水利科技，2007（5）：117–120.

［215］宋润朋.区域水安全系统动力学仿真与评价研究［D］.合肥：合肥工业大学，2009.

［216］宋彦琦，郑俊杰，李向上，等.冻融循环作用对土质边坡稳定性的影响［J］.科学技术与工程，2020（19）：7885–7890.

［217］苏桂武，高庆华.自然灾害风险的分析要素［J］.地学前缘，2003（V08）：272–278.

［218］苏经宇，刘晓燕，王威，等.基于系统动力学的城市抗震防灾能力评估［J］.北京工业大学学报，2015（5）：709–717.

［219］孙浩，杨桂元.基于交叉 DEA–Tobit 模型的我国各省（市）地质灾害易损性及其影响因素评价分析［J］.西华师范大学（自然科学版），2017（4）：450–455.

［220］谭娟，范昊明，许秀泉，等.融雪与降雨侵蚀条件下水土保持措施因子值对比研究［J］.水土保持研究，2017（3）：29–32+38.

［221］陶在朴.系统动力学入门［M］.上海：复旦大学出版社，2018.

［222］田春阳，张威，张戈，等.基于信息量法的西丰县地质灾害易发性评价［J］.首都师范大学学报（自然科学版），2020（2）：32–40.

［223］佟志军，张继权，廖晓玉，等.基于 GIS 的草原火灾风险管理研究［J］.应用基础与工程科学学报，2008（2）：161–167.

［224］王晨辉，郭伟，杨凯，等.基于 LoRa 技术的滑坡监测系统设计与研究［J］.现代电子技术，2022（12）：1–6.

［225］王存玉.人为地质灾害和地质环境［J］.工程地质学报，1997（4）：362–367.

［226］王栋，邹杨，张广泽，等.无人机技术在超高位危岩勘查中的应用［J］.成都理工大学学报（自然科学版），2018（6）：754–759.

［227］王高峰，王爱军，田运涛，等.基于图幅调查的六盘山镇孕灾地质条件分析［J］.水土保持研究，2016（5）：364–369.

［228］王慧，曹炳兰.长白山旅游区崩滑形成影响因素研究［J］.世界地质，2004（1）：56–59.

［229］王劲峰，等.中国自然灾害影响评价方法研究［M］.北京：中国科学技术出版社，1993.

［230］王平，郭伟杰，李洪峰，等.冻融循环对软土力学性质的影响分析［J］.长江科学院院报，2018（7）：79–83.

［231］王其藩.系统科学的一个分支——系统动力学［J］.大自然探索，1988（1）：1–4.

［232］王其潘.系统动力学［M］.上海：上海财经大学出版社，2009.

［233］王倩，陈建平.基于分形理论的遥感蚀变异常提取和分级［J］.地质通报，2009（2）：285–288.

［234］王思长.库岸公路碎裂岩质高边坡稳定性研究［M］.北京：北京理工大学出版社，2016.

［235］王文坡，韩爱果，任光明，等.四川省普格县滑坡孕灾环境因子敏感性分析［J］.长江科学院院报，2018（9）：63–67.

［236］王秀兰，包玉海.土地利用动态变化研究方法探讨［J］.地理科学进展，1999（1）：81–87.

［237］王延平.倾倒滑塌式崩塌预警判据研究［J］.山东理工大学学报（自然科学版），2017（6）：42–46.

［238］王屹林.吉林省长白县沿江公路S3k段崩滑体稳定性分析与防治工程研究［D］.长春：吉林大学，2017.

［239］王元林，孟昭峰.自然灾害与历代中国政府应对研究［M］.广州：暨南大学出版社，2012.

［240］王铮，倪雅婷，衡广建.基于土壤流失方程的连云港土壤保持功能评价［J］.测绘与地理空间信息，2022（9）：143–146+149.

［241］魏海泉.长白山天池火山［M］.北京：地震出版社，2014：158–253.

［242］魏伟，沈军辉，苗朝，等.风化、蚀变对花岗斑岩物理力学特性的影响［J］.工程地质学报，2012（4）：599–606.

［243］温家洪，石勇，杜士强，等.自然灾害风险分析与管理导论［M］.北京：科学出版社，2018.

［244］温智熊，蓝俊康，梁一敏.广西龙胜县崩塌和滑坡地质灾害的气象预警预报［J］.桂林理工大学学报，2018（3）：464–468.

［245］文兴祥.西南山区岩质高边坡危岩体稳定性及运动特征研究［J］.铁道勘察，2022（3）：45–51.

［246］翁海蛟，孔凡乾，韦龙明，等.八卦庙金矿化及其围岩蚀变过程的元素迁移［J］.桂林理工大学学报，2015（4）：721–726.

［247］吴亚子.山区公路地质灾害危险性评估方法研究——以阿里地区巴尔兵站至札达公路改建工程为例［D］.成都：成都理工大学，2005.

［248］肖进.重大滑坡灾害应急处置理论与实践［D］.成都：成都理工大学，2009.

［249］肖帕德·德罗斯.物理系统的元胞自动机模拟［M］.祝玉学，赵学龙，译.北京：清华大学出版社，2003：1–2.

［250］徐伟，张云，梅朱寅.郭达山后山危岩带特征分析及危险性评价［J］.山地学报，2016（6）：741–748.

［251］许强，朱星，李为乐，等."天—空—地"协同滑坡监测技术进展［J］.测绘学报，2022（7）：1416–1436.

［252］许泰，鄂崇毅，蒋兴波，等.永登县苦水镇地质灾害风险性评价［J］.

防灾科技学院学报，2022（1）：42-53.

　　［253］杨成业，张涛，高贵，等．SBAS-InSAR 技术在西藏江达县金沙江流域典型巨型滑坡变形监测中的应用［J］．中国地质灾害与防治学报，2022（3）：94-105.

　　［254］杨春峰，王合，杨敏．老鹰岩崩塌危岩体稳定性分析［J］．沈阳大学学报（自然科学版），2018（5）：390-394.

　　［255］杨根兰．蚀变岩特性及其工程响应研究——以澜沧江小湾水电站为例［D］．成都：成都理工大学，2007.

　　［256］杨俊，向华丽．基于 HOP 模型的地质灾害区域脆弱性研究——以湖北省宜昌地区为例［J］．灾害学，2014（3）：131-138.

　　［257］杨胜天，王志伟，赵长森，等．遥感水文数字实验——ECOHAT 使用手册［M］．北京：科学出版社，2015.

　　［258］杨树文．工程地质地学信息遥感自动提取技术［M］．北京：电子工业出版社，2013.

　　［259］仪垂祥，史培军．自然灾害系统模型——I：理论部分［J］．自然灾害学报，1995（3）：6-8.

　　［260］易靖松，王峰，程英建，等．高山峡谷区地质灾害危险性评价——以四川省阿坝县为例［J］．中国地质灾害与防治学报，2022（3）：134-142.

　　［261］殷春武．基于时间权重的回归预测模型［J］．统计与决策，2011（7）：161-162.

　　［262］殷坤龙，张桂荣，龚日祥，等．浙江省突发性地质灾害预警预报［M］．武汉：中国地质大学出版社，2005.

　　［263］于成龙．和龙市典型地质灾害风险性区划与地质环境承载力综合评价研究［D］．长春：吉林大学，2021.

　　［264］余文平，孙树林，王天宇，等．基于 GIS 熵指数与 Logistic 回归模型的地裂缝灾害评价研究［J］．江西农业大学学报，2014（4）：918-924.

　　［265］张斌，赵前胜，姜瑜君．区域承灾体脆弱性指标体系与精细量化模型研究［J］．灾害学，2010（2）：36-40.

　　［266］张春山，李国俊，张业成，等．黄河上游地区崩塌滑坡泥石流地质灾害风险评价［J］．地质力学学报，2006（2）：211-218.

［267］张芳，汤国安，曹敏，等.基于ANN-CA模型的黄土小流域正负地形演化模拟［J］.地理与地理信息科学，2013（1）：28-31.

［268］张峰.基于SD和DPSIRM模型的饮马河流域生态脆弱性评价［D］.长春：东北师范大学，2019.

［269］张广甫.S233斗武线山区段危岩体成因机理及其稳定性研究［D］.郑州：华北水利水电大学，2018.

［270］张洪江，王礼先.长江三峡花岗岩坡面土壤流失特性及其系统动力学仿真［M］.北京：北京林业出版社，1997.

［271］张辉，谈树成，汪枅旭.滇东北滑坡孕灾环境因子敏感性分析［J］.人民长江，2020（11）：134-139.

［272］张继权，冈田宪夫，多多纳裕一.综合自然灾害风险管理——全面整合的模式与中国的战略选择［J］.自然灾害学报，2006（1）：29-37.

［273］张继权，刘兴朋，严登华.综合灾害风险管理导论［M］.北京：北京大学出版社，2012.

［274］张佳佳，陈龙，王军朝，等.藏东南鲁朗—通麦崩塌滑坡孕灾地质背景特征研究［J］.地质力学学报，2018（4）：474-481.

［275］张菊连.边坡岩体稳定性分级影响因素分析［J］.建筑科学，2012（S1）：108-114.

［276］张军林，程维明，陈建平，等.中国地质灾害伤亡事件的空间格局及影响因素［J］.地理学报，2017（5）：906-917.

［277］张丽，李广杰.长白山天池地区斜坡稳定性分析［J］.世界地质，2005（4）：378-381.

［278］张林泉.广州地区GDP的ARIMA模型预测［J］.长春工业大学学报（自然科学版），2010（6）：624-627.

［279］张玲，黄敬峰，王深法，等.基于GIS的滑坡临界降雨量指标的研究［J］.浙江大学学报（农业与生命科学版），2003（5）：493-498.

［280］张茂省，唐亚明.地质灾害风险调查的方法与实践［J］.地质通报，2008（8）：1205-1216.

［281］张我华，王军，孙林柱，等.灾害系统与灾变动力学［M］.北京：科学出版社，2011：1-8.

［282］张晓东，刘乃静，赵银鑫，等.银川市 2000—2020 年土地利用时空变化特征及预测［J］.科学技术与工程，2021（24）：10156-10164.

［283］张晓伦，甘淑，袁希平，等.基于"天—空—地"一体化的东川区沙坝村滑坡体时序监测与分析［J］.云南大学学报（自然科学版），2022（3）：533-540.

［284］张晓敏，李辉，刘海南，等.基于灰色系统理论的陕西省地质灾害趋势预测［J］.中国地质灾害与防治学报，2018（5）：7-12.

［285］张岩，李宁，于海鸣，等.温度应力对裂隙岩体强度的影响研究［J］.岩石力学与工程学报，2013（A01）：2660-2667.

［286］张岩，刘宝元，史培军，等.黄土高原土壤侵蚀作物覆盖因子计算［J］.生态学报，2001（7）：1050-1056.

［287］张业成，胡景江，张春山.中国地质灾害危险性分析与灾变区划［J］.海洋地质与第四纪地质，1995（3）：55-67.

［288］张永海，谢武平，罗忠行，等.四川名山白马沟危岩体稳定性评价与落石轨迹分析［J］.中国地质灾害与防治学报，2022（4）：37-46.

［289］张友谊，胡卸文，朱海勇.滑坡与降雨关系研究展望［J］.自然灾害学报，2007（1）：104-108.

［290］张宇翀.玄武岩—泥岩边坡稳定影响因素及降雨滑坡演化机理研究［D］.呼和浩特：内蒙古工业大学，2021.

［291］张媛媛.基于 ARIMA 模型的江苏省 GDP 预测分析［J］.统计学与应用，2022（2）：367-374.

［292］张泽，马巍，Lidi R，等.基于冻融次数——物理时间比拟理论的冻土长期强度预测方法［J］.岩土力学，2021（1）：86-92.

［293］张振兴，刘艳辉，袁广祥.地质灾害承灾载体脆弱性评价方法综述［J］.中国地质灾害与防治学报，2018（3）：90-100.

［294］章国材.自然灾害风险评估与区划原理和方法［M］.北京：气象出版社，2014.

［295］赵鸿雁，吴钦孝，刘向东，等.水土流失系统物质与能量交换途径的研讨［J］.水土保持学报，1993（1）：61-68.

［296］赵金涛，马逸雪，石云，等.基于 ANN-CA 模型的黄土丘陵区县域土

壤侵蚀演变预测［J］.中国水土保持科学，2021（6）：60-68.

［297］赵黎明.灾害管理系统研究［D］.天津：天津大学，2003.

［298］赵晓燕，谈树成，李永平.基于斜坡单元与组合赋权法的东川区地质灾害危险性评价［J］.云南大学（自然科学学报），2021（2）：299-305.

［299］赵英时.遥感应用分析原理与方法［M］.北京：科学出版社，2003：186-188.

［300］郑史芳，黎治坤.结合倾斜摄影技术的地质灾害监测［J］.测绘通报，2018（8）：88-92.

［301］中华人民共和国国务院.地质灾害防治条例［Z］.2003.

［302］钟永光，贾晓菁，钱颖.系统动力学前沿与应用［M］.北京.科学出版社，2016.

［303］周成虎，孙战利，谢一春.地理元胞自动机研究［M］.北京：科学出版社，1999.

［304］周德群，张立波，章玲，等.系统工程概论［M］.北京：科学出版社，2010.

［305］周容方.贵州玄武岩残积土边坡稳定性分析［D］.武汉：武汉科技大学，2013.

［306］周雪岩，李红，尹婧博.吉林省乡村地域系统脆弱性演变及其成因类型划分研究［J］.农业现代化研究，2022（4）：679-690.

［307］周寅康.自然灾害风险评价初步研究［J］.自然灾害学报，1995（1）：6-11.

［308］周云涛.三峡库区危岩稳定性断裂力学计算方法［J］.岩土力学，2016（S1）：495-499.

［309］朱照宇，周厚云，黄宁生，等.广东沿海陆地地质灾害系统与灾害动力学［J］.水文地质工程地质，2002（3）：14-16+58.

［310］邹雪晴，裴向军，母剑桥.裂隙砂岩冻融循环变形特征初探［J］.科学技术与工程，2017（8）：235-238.

［311］左忠义，王克.基于系统动力学的大连市出租车保有量预测［J］.大连交通大学学报，2015（4）：10-13.

附录 1　基于 ArcPy 的植被信息量计算程序

```
import arcpy
def NDVIInfo():
    NDVI202005=r"F:\ 长白 S3K\ 指标提取 \NDVI2020051.tif"
    zhibeiReclass=r"F:\ 长白 S3K\ 易发性评价 \ 易发性评估数据处理 \ 植被信息量 \NDVI 分级 .tif"
    NDVIplygon=r"F:\ 长白 S3K\易发性评价 \ 易发性评估数据处理 \ 植被信息量 \NDVIplygon.shp"
    NDVIFeatureDissolve=r"F:\ 长白 S3K\易发性评价 \ 易发性评估数据处理 \ 植被信息量 \NDVIFeatureDissolve.shp"
    zaihaiPointShp=r"F:\ 长白 S3K\ 基础数据 2000 坐标系 \135 点 .shp"
    NDVITjJoin=r"F:\ 长白 S3K\ 易发性评价 \ 易发性评估数据处理 \ 植被信息量 \NDVI 灾点 spatial 统计 .shp"
    # 得到 Si_S 值 = 以 NDVI 空间统计灾点数量
    # NDVI 信息量图层 _shp= 得到 Si_S 值
    # NDVI 信息量结果 =NDVI 信息量图层 _shp
    NDVItif=r"F:\ 长白 S3K 险 \ 易发性评价 \ 易发性评估数据处理 \ 植被信息量 \NDVI 信息量 .tif"
    # Process: 植被分级方法
    arcpy.gp.Reclassify_sa（NDVI202005, "VALUE",
                            "-1 0.100000 1;0.100000 0.300000 2;0.300000 0.500000 3;0.500000 0.600000 4;0.600000 1 5",
                            zhibeiReclass, "DATA"）
    # Process: NDVI 转矢量
    arcpy.RasterToPolygon_conversion（zhibeiReclass, NDVIplygon, "SIMPLIFY", "VALUE"）
    arcpy.AddGeometryAttributes_management（NDVIplygon, "AREA_GEODESIC;PART_COUNT", "METERS", "SQUARE_METERS",
                            "PROJCS［'CGCS2000_3_degree_Gauss_Kruger_CM_129E',"
                            "GEOGCS［'GCS_China Geodetic Coordinate System 2000',"
"DATUM［'D_China_2000',SPHEROID［'CGCS2000',6378137.0,298.257222101 ]],PRIMEM［'Greenwich',0.0 ］,"
"UNIT［'Degree',0.0174532925199433 ]],PROJECTION［'Transverse_Mercator' ],PARAMETER［'false_easting',500000.0 ],"
"PARAMETER［'false_northing',0.0 ],PARAMETER［'central_meridian',129.0 ],PARAMETER［'scale_factor',1.0 ],"
                            "PARAMETER［'latitude_of_origin',0.0 ],UNIT［'Meter',1.0 ]]"）
    # 矢量图斑融合
    arcpy.Dissolve_management （NDVIplygon, NDVIFeatureDissolve, "GRIDCODE", "PART_COUNT SUM", "MULTI_PART",
"DISSOLVE_LINES"）
    # 添加面积字段
    arcpy.AddField_management（NDVIFeatureDissolve, "Si/S", "DOUBLE", "", "", "", "", "NULLABLE", "NON_REQUIRED", ""）
    # NDVI 空间统计方法
    arcpy.SpatialJoin_analysis（NDVIFeatureDissolve, zaihaiPointShp, NDVITjJoin）
```

```
# 计算 Si/S
arcpy.CalculateField_management ( NDVITjJoin, "Si_S", "［SUM_PART_C］/211426", "VB", "" )
# 添加 NDVI 信息量字段
arcpy.AddField_management( NDVITjJoin, "NDVI 信息量 ", "FLOAT", "6", "", "", "", "NULLABLE", "NON_REQUIRED", "" )
# NDVI 信息量计算
arcpy.CalculateField_management ( NDVITjJoin, "NDVI 信息量 ", "Log((［Join_Count］/86 )/［Si_S］)", "VB", "" )
# NDVI 信息量图层转栅格
arcpy.gp.RasterCalculator_sa ( "Con ( IsNull ( \"%NDVI 信息量 .tif%\" ) ,0,\"%NDVI 信息量 .tif%\" )", NDVI 信息量 .tif )
```

附录2　野外调查与解译对比量化信息表

核查点编号	经度	纬度	微地貌	坡高	坡宽	坡长	野外调查岩体结构	遥感结果
0	127° 55' 40.000"	41° 27' 26.800"	陡坡	20	227	44	整体块状	整体块状
1	127° 53' 54.600"	41° 26' 9.600"	陡崖	17	129	23	块裂	块裂
2	127° 53' 9.600"	41° 26' 39.800"	陡崖	14	179	15	块裂	块裂
3	127° 53' 4.100"	41° 26' 42.900"	陡崖	25	205	30	整体块状	整体块状
4	127° 52' 59.600"	41° 26' 46.200"	陡坡	120	270	177	块裂	块裂
5	127° 52' 48.200"	41° 26' 48.400"	陡崖	30	107	37	块裂	块裂
6	127° 52' 10.800"	41° 26' 38.300"	陡崖	35	115	42	整体块状	整体块状
7	127° 52' 9.500"	41° 26' 37.200"	缓坡	7	245	10	整体块状	整体块状
8	127° 51' 18.800"	41° 25' 5.300"	陡坡	15	97	21	块裂	块裂
9	127° 51' 12.600"	41° 25' 9.000"	陡坡	12	151	18	块裂	块裂
10	127° 50' 55.500"	41° 25' 11.200"	陡坡	12	21	14	碎裂	碎裂
11	127° 50' 52.000"	41° 25' 12.700"	陡崖	19	256	29	块裂	块裂
12	127° 50' 26.800"	41° 25' 16.400"	陡坡	12	212	17	散体	散体
13	127° 49' 35.200"	41° 24' 42.000"	陡崖	14	171	17	块裂	块裂
14	127° 48' 49.000"	41° 25' 11.000"	陡坡	16	235	25	块裂	块裂
15	127° 48' 39.000"	41° 25' 16.000"	陡坡	8	94	14	块裂	块裂
16	127° 48' 31.000"	41° 25' 19.000"	陡崖	44	151	50	块裂	块裂
17	127° 48' 4.500"	41° 25' 23.400"	陡坡	15	17	17	整体块状	整体块状
18	127° 47' 58.500"	41° 25' 23.500"	陡坡	6	169	8	块裂	块裂

续表

核查点编号	经度	纬度	微地貌	坡高	坡宽	坡长	野外调查岩体结构	遥感结果
19	127° 47' 16.700"	41° 24' 41.200"	陡坡	8	351	10	块裂	块裂
20	127° 46' 38.000"	41° 25' 29.000"	陡坡	18	56	26	块裂	块裂
21	127° 45' 46.000"	41° 25' 23.000"	陡坡	7	40	10	散体	散体
22	127° 45' 1.900"	41° 25' 34.100"	陡崖	17	79	20	整体块状	整体块状
23	127° 43' 17.000"	41° 25' 20.500"	陡坡	24	100	31	块裂	块裂
24	127° 43' 11.000"	41° 25' 19.000"	陡坡	18	151	22	块裂	块裂
25	127° 40' 40.700"	41° 25' 21.100"	陡坡	22	130	31	块裂	块裂
26	127° 48' 29.000"	41° 25' 19.000"	陡坡	33	99	38	块裂	块裂
27	127° 48' 23.000"	41° 25' 22.000"	陡坡	14	233	23	碎裂	碎裂
28	127° 48' 10.100"	41° 25' 23.600"	陡坡	35	258	40	整体块状	整体块状
29	127° 47' 19.600"	41° 24' 30.400"	陡坡	11	169	19	块裂	块裂
30	127° 46' 49.000"	41° 25' 27.000"	陡坡	19	74	22	块裂	块裂
31	127° 46' 44.000"	41° 25' 28.000"	陡坡	16	52	22	块裂	块裂
32	127° 44' 52.000"	41° 25' 33.000"	陡崖	7	252	6	整体块状	整体块状
33	127° 44' 35.000"	41° 25' 32.000"	陡崖	11	79	13	块裂	块裂
34	127° 44' 30.300"	41° 25' 31.600"	陡崖	21	89	24	块裂	块裂
35	127° 48' 56.000"	41° 25' 3.000"	陡崖	19	203	31	块裂	块裂
36	127° 55' 10.000"	41° 27' 20.000"	陡坡	27	52	35	散体	散体
37	127° 55' 39.500"	41° 27' 27.000"	陡坡	6	10	7	整体块状	整体块状
38	127° 55' 32.900"	41° 27' 19.600"	陡坡	4	172	5	整体块状	整体块状
39	127° 55' 26.700"	41° 27' 4.500"	陡坡	5	151	7	碎裂结构	碎裂结构
40	127° 53' 26.200"	41° 26' 19.400"	陡坡	4	73	5	块裂结构	块裂结构
41	127° 53' 24.400"	41° 26' 24.500"	陡坡	7	176	11	块裂结构	块裂结构
42	127° 53' 23.100"	41° 26' 27.400"	缓坡	12	161	18	块裂结构	块裂结构
43	127° 53' 20.600"	41° 26' 32.800"	陡坡	13	27	19	块裂结构	块裂结构
44	127° 53' 14.500"	41° 26' 37.100"	陡坡	16	185	22	块裂结构	块裂结构

续表

核查点编号	经度	纬度	微地貌	坡高	坡宽	坡长	野外调查岩体结构	遥感结果
45	127° 52' 22.000"	41° 26' 46.100"	陡坡	18	402	22	块裂结构	块裂结构
46	127° 52' 2.200"	41° 26' 30.500"	陡崖	7	94	7	块裂结构	块裂结构
47	127° 51' 53.600"	41° 26' 21.500"	陡坡	5	30	8	散体结构	散体结构
48	127° 51' 44.100"	41° 26' 10.000"	陡坡	6	305	10	碎裂结构	碎裂结构
49	127° 51' 36.500"	41° 25' 13.800"	陡坡	15	162	21	块裂结构	块裂结构
50	127° 51' 38.300"	41° 25' 7.000"	陡坡	25	167	32	块裂结构	块裂结构
51	127° 51' 40.600"	41° 25' 2.100"	陡坡	25	90	33	块裂结构	块裂结构
52	127° 51' 21.300"	41° 25' 3.200"	陡坡	22	11	30	块裂结构	块裂结构
53	127° 51' 0.600"	41° 25' 11.000"	陡坡	4	40	6	整体块状	整体块状
54	127° 49' 43.700"	41° 25' 7.300"	陡坡	14	108	21	碎裂结构	碎裂结构
55	127° 48' 52.800"	41° 25' 8.100"	陡坡	10	212	14	整体块状	整体块状
56	127° 47' 19.500"	41° 25' 7.700"	陡崖	6	65	7	块裂结构	块裂结构
57	127° 47' 17.100"	41° 24' 50.300"	陡坡	7	160	9	整体块状	整体块状
58	127° 47' 7.900"	41° 24' 32.300"	陡坡	2	177	3	碎裂结构	碎裂结构
59	127° 47' 2.700"	41° 25' 12.300"	陡坡	33	12	43	块裂结构	块裂结构
60	127° 46' 16.800"	41° 25' 29.100"	陡坡	19	30	22	整体块状	整体块状
61	127° 46' 12.000"	41° 25' 25.200"	陡坡	26	50	28	整体块状	整体块状
62	127° 46' 9.500"	41° 25' 22.700"	陡坡	16	127	19	整体块状	整体块状
63	127° 46' 5.100"	41° 25' 19.000"	陡坡	24	64	24	整体块状	整体块状
64	127° 45' 59.700"	41° 25' 15.400"	陡坡	8	77	11	整体块状	整体块状
65	127° 45' 53.900"	41° 25' 20.200"	陡坡	17	133	26	散体结构	散体结构
66	127° 44' 20.100"	41° 25' 31.100"	陡坡	22	254	38	整体块状	整体块状
67	127° 44' 1.400"	41° 25' 28.900"	陡坡	26	191	30	块裂结构	块裂结构
68	127° 43' 55.700"	41° 25' 27.500"	陡坡	34	283	36	块裂结构	块裂结构
69	127° 43' 47.300"	41° 25' 24.200"	陡崖	25	249	33	整体块状	整体块状
70	127° 43' 43.500"	41° 25' 23.300"	陡崖	11	44	18	块裂结构	块裂结构

附录 3　Python 核心代码

```
dcf returnValue ( ) :
    import pysd
    model=pysd.read_vensim ( 'E:/SD.mdl' )
    values=model.run ( return_columns=［ ' 崩塌灾害风险 ' ］)
    return  values
if __name__ ==' __main__ ':
    print ( returnValue ( ) )
```

附录 4　更新当前 Excel 数据值的计算机伪代码

```
Workbook wb1=new Workbook();
string ZLQSheet=@"E:\S3K 格网边坡信息 .xls";
    wb1.LoadFromFile(ZLQSheet);
    Worksheet ZLQSTable=wb1.Worksheets["Sheet1"]; // 获总表
    for(int i = 2; i <= 4;i++) // 此处为伪循环代码
    {
        // 假如从总表 D 列第二行开始是地形 S 值，那么把该值赋给新的变量
        CellRange S = ZLQSTable.Range["D" + i.ToString()];
        // 获取第一个 sheet2，进行操作，下标是从 0 开始
        Worksheet sheet = wb1.Worksheets["Sheet2"];
        sheet.Range[1, 1].Value2 = S.Value2.ToString(); // 替换新的 S 值
        wb1.SaveToFile(ZLQSheet, ExcelVersion.Version97to2003); // 把获取到的值更新数据表
    }
```

附录 5　循环调用 SD 模型的计算机伪代码

```
Process p=new Process(); // 获得 python 文件的绝对路径
string sArguments=@"E:\ 灾害评估 \bin\Debug\test3.py";
p.StartInfo.FileName=
@"C:\Users\Administrator\AppData\Local\Programs\Python\Python38\python.exe";
Workbook wb1=new Workbook();
string ZLQSheet=@"E:\S3K 格网信息 .xls";
wb1.LoadFromFile(ZLQSheet);
Worksheet ZLQSTable=wb1.Worksheets["Sheet1"]; // 获总表
int pDig=0;
    for(int i=2; i <= 10; i++) // 循环实验
    {
        CellRange S = ZLQSTable.Range["D" + i.ToString()]; // 从总表 D 列第二行开始是地形 S 值
        CellRange K=ZLQSTable.Range["F" + i.ToString()];
        // 获取第一个 sheet2，进行操作，下标是从 0 开始
        Worksheet sheet=wb1.Worksheets["Sheet2"];
        sheet.Range[1, 1].Value2=S.Value2.ToString(); //1 行 1 列
        sheet.Range[1, 2].Value2 = K.Value2.ToString(); //1 行 2 列
        wb1.SaveToFile(ZLQSheet, ExcelVersion.Version97to2003); // 把获取到的值更新数据表
        // 用 if 语句检查，异步流是否在运行，如果在就注销，然后循环下一个数据的操作
        if(pDig==0)
        {
        p.StartInfo.Arguments=sArguments; // 设置启动的 python 需要的命令语句
        p.StartInfo.UseShellExecute=false;
        p.StartInfo.RedirectStandardOutput=true;
        p.StartInfo.RedirectStandardInput=true;
        p.StartInfo.RedirectStandardError=true;
        p.StartInfo.CreateNoWindow=true;
        p.Start();
        p.BeginOutputReadLine();
        p.OutputDataReceived += new DataReceivedEventHandler(p_OutputDataReceived);
        Console.ReadLine();
        p.WaitForExit();
```

```
                    }
                    else
                    {
                     p.CancelOutputRead();
                     p.StartInfo.Arguments=sArguments; // 设置启动的 python 需要的命令语句
                     p.StartInfo.UseShellExecute=false;
                     p.StartInfo.RedirectStandardOutput=true;
                     p.StartInfo.RedirectStandardInput=true;
                     p.StartInfo.RedirectStandardError=true;
                     p.StartInfo.CreateNoWindow=true;
                     p.Start();
                     p.BeginOutputReadLine();
                     p.OutputDataReceived += new DataReceivedEventHandler(p_OutputDataReceived);
                     Console.ReadLine();
                     p.WaitForExit();
                    }
                    pDig++;
                 }
```